《中国佛学经典宝藏》

华人佛学界顶级专家团队编撰。大陆首次引进简体中文版。
读得懂，买得起，藏得下的"白话精华大藏经"。

星云大师总监修
"人间佛教"的践行本

专家推荐

星云大师常常说，佛学不是少数人的专利，它应该是每一个人都能够接触的。这套书推动了白话佛学经典的完成。
——依空法师
<small>佛光山长老，文学博士，印度哲学博士</small>

星云大师对编修《中国佛学经典宝藏》非常重视，对经典进行注、译，包括版本源流梳理，这对一般人去看经典、理解经典的思想，是有帮助的。
——赖永海
<small>南京大学教授，旭日佛学研究中心主任</small>

《中国佛学经典宝藏》精选了很多篇目，是能够把佛法的精要，比较全面地给予介绍。
——王志远
<small>中国社会科学院研究生院导师，中国宗教协会副会长</small>

《中国佛学经典宝藏》白话版系列丛书，共计132册，由星云大师总监修，大陆、台湾百余专家学者通力编撰而成。

丛书依大乘、小乘、禅、净、密等性质编号排序，将古来经律论中之经典著作，依据思想性、启发性、教育性、人间性的原则，做了取其精华、舍其艰涩的系统整理。每种经典都按原文、注释、译文等体例编排，语言力求通俗易懂、言简意赅，让佛学名著真正做到雅俗共赏；还以题解、源流、解说等章节，阐述经文的时代背景、影响价值及在佛教历史和思想演变上的地位角色。丛书还开创性地收录了一些有代表性的现代读本。

传统大藏经 VS 中国佛学经典宝藏

第一回合	**卷帙浩繁** <small>普通人阅读没头绪，没精力、看不懂。</small>	VS	**精华集萃** <small>星云大师亲选132种书目，提纲挈领，方便读经。</small>
第二回合	**古文艰涩 繁体竖排** <small>佛经文辞晦涩，多用繁体竖排版；读经门槛高。</small>	VS	**白话精译 简体横排** <small>经典原文搭配白话精译，既可直通经文，又可研习原典。</small>
第三回合	**经义玄奥 难尝法味** <small>微言大义，法义幽微，没有明师指引难理解。</small>	VS	**专家注解 普利十方** <small>华人佛学界顶级专家精注精解，一通百通。</small>

《中国佛学经典宝藏》目录

编号	书名	编号	书名	编号	书名
1	中阿含经	45	维摩诘经	89	法句经
2	长阿含经	46	药师经	90	本生经的起源及其开展
3	增一阿含经	47	佛堂讲话	91	人间巧喻
4	杂阿含经	48	信愿念佛	92	大乘本生心地观经
5	金刚经	49	精进佛七开示录	93	南海寄归内法传
6	般若心经	50	往生有分	94	入唐求法巡礼记
7	大智度论	51	法华经	95	大唐西域记
8	大乘玄论	52	金光明经	96	比丘尼传
9	十二门论	53	天台四教仪	97	弘明集
10	中论	54	金刚錍	98	出三藏记集
11	百论	55	教观纲宗	99	牟子理惑论
12	肇论	56	摩诃止观	100	佛国记
13	辩中边论	57	法华思想	101	宋高僧传
14	空的哲理	58	华严经	102	唐高僧传
15	金刚经讲话	59	圆觉经	103	梁高僧传
16	人天眼目	60	华严五教章	104	异部宗轮论
17	大慧普觉禅师语录	61	华严金师子章	105	广弘明集
18	六祖坛经	62	华严原人论	106	辅教编
19	天童正觉禅师语录	63	华严学	107	释迦牟尼佛传
20	正法眼藏	64	华严经讲话	108	中国佛教名山胜地寺志
21	永嘉证道歌·信心铭	65	解深密经	109	敕修百丈清规
22	祖堂集	66	楞伽经	110	洛阳伽蓝记
23	神会语录	67	胜鬘经	111	佛教新出碑志集萃
24	指月录	68	十地经论	112	佛教文学对中国小说的影响
25	从容录	69	大乘起信论	113	佛遗教三经
26	禅宗无门关	70	成唯识论	114	大般涅槃经
27	景德传灯录	71	唯识四论	115	地藏本愿经外二部
28	碧岩录	72	佛性论	116	安般守意经
29	缁门警训	73	瑜伽师地论	117	那先比丘经
30	禅林宝训	74	摄大乘论	118	大毗婆沙论
31	禅林象器笺	75	唯识史观及其哲学	119	大乘大义章
32	禅门师资承袭图	76	唯识三颂讲记	120	因明入正理论
33	禅源诸诠集都序	77	大日经	121	宗镜录
34	临济录	78	楞严经	122	法苑珠林
35	来果禅师语录	79	金刚顶经	123	经律异相
36	中国佛学特质在禅	80	大佛顶首楞严经	124	解脱道论
37	星云禅话	81	成实论	125	杂阿毗昙心论
38	禅话与净话	82	俱舍要义	126	弘一大师文集选要
39	释禅波罗蜜次第法门	83	佛说梵网经	127	《沧海文集》选集
40	般舟三昧经	84	四分律	128	《劝发菩提心文》讲话
41	净土三经	85	戒律学纲要	129	佛经概说
42	佛说弥勒上生下生经	86	优婆塞戒经	130	佛教的女性观
43	安乐集	87	六度集经	131	涅槃思想研究
44	万善同归集	88	百喻经	132	佛学与科学论文集

手机淘宝
扫一扫

深入经藏，智慧如海。

本套佛学经典适合系统的修习、诵读和佛堂珍藏。
咨询电话：尤冲 010-8592 4661

因明入正理论

中国佛学经典宝藏

120

宋立道 释译

星云大师总监修

人民东方出版传媒
东方出版社

《中国佛学经典宝藏》
大陆简体字版编审委员会

主任委员：赖永海

委　　员：（以姓氏笔画为序）

王月清　王邦维　王志远　王雷泉

业露华　许剑秋　吴根友　陈永革

徐小跃　龚　隽　彭明哲　葛兆光

董　群　程恭让　鲁彼德　温金玉

潘少平　潘桂明　魏道儒

总序

星云

自读首楞严，从此不尝人间糟糠味；
认识华严经，方知已是佛法富贵人。

诚然，佛教三藏十二部经有如暗夜之灯炬、苦海之宝筏，为人生带来光明与幸福，古德这首诗偈可说一语道尽行者阅藏慕道、顶戴感恩的心情！可惜佛教经典因为卷帙浩瀚、古文艰涩，常使忙碌的现代人有义理远隔、望而生畏之憾，因此多少年来，我一直想编纂一套白话佛典，以使法雨均沾，普利十方。

一九九一年，这个心愿总算有了眉目。是年，佛光山在中国大陆广州市召开"白话佛经编纂会议"，将该套丛书定名为《中国佛教经典宝藏》①。后来几经集思广

---

① 编者注：《中国佛教经典宝藏》丛书，大陆出版时改为《中国佛学经典宝藏》丛书。

益,大家决定其所呈现的风格应该具备下列四项要点:

一、启发思想:全套《中国佛教经典宝藏》共计百余册,依大乘、小乘、禅、净、密等性质编号排序,所选经典均具三点特色:

1. 历史意义的深远性
2. 中国文化的影响性
3. 人间佛教的理念性

二、通顺易懂:每册书均设有原典、注释、译文等单元,其中文句铺排力求流畅通顺,遣词用字力求深入浅出,期使读者能一目了然,契入妙谛。

三、文简意赅:以专章解析每部经的全貌,并且搜罗重要的章句,介绍该经的精神所在,俾使读者对每部经义都能透彻了解,并且免于以偏概全之谬误。

四、雅俗共赏:《中国佛教经典宝藏》虽是白话佛典,但亦兼具通俗文艺与学术价值,以达到雅俗共赏、三根普被的效果,所以每册书均以题解、源流、解说等章节,阐述经文的时代背景、影响价值及在佛教历史和思想演变上的地位角色。

兹值佛光山开山三十周年,诸方贤圣齐来庆祝,历经五载、集二百余人心血结晶的百余册《中国佛教经典宝藏》也于此时隆重推出,可谓意义非凡,论其成就,则有四点可与大家共同分享:

一、**佛教史上的开创之举**：民国以来的白话佛经翻译虽然很多，但都是法师或居士个人的开示讲稿或零星的研究心得，由于缺乏整体性的计划，读者也不易窥探佛法之堂奥。有鉴于此，《中国佛教经典宝藏》丛书突破窠臼，将古来经律论中之重要著作，做有系统的整理，为佛典翻译史写下新页！

二、**杰出学者的集体创作**：《中国佛教经典宝藏》丛书结合中国大陆北京、南京各地名校的百位教授、学者通力撰稿，其中博士学位者占百分之八十，其他均拥有硕士学位，在当今出版界各种读物中难得一见。

三、**两岸佛学的交流互动**：《中国佛教经典宝藏》撰述大部分由大陆饱学能文之教授负责，并搜录台湾教界大德和居士们的论著，借此衔接两岸佛学，使有互动的因缘。编审部分则由台湾和大陆学有专精之学者从事，不仅对中国大陆研究佛学风气具有带动启发之作用，对于台海两岸佛学交流更是帮助良多。

四、**白话佛典的精华集萃**：《中国佛教经典宝藏》将佛典里具有思想性、启发性、教育性、人间性的章节做重点式的集萃整理，有别于坊间一般"照本翻译"的白话佛典，使读者能充分享受"深入经藏，智慧如海"的法喜。

今《中国佛教经典宝藏》付梓在即，吾欣然为之作序，并借此感谢慈惠、依空等人百忙之中，指导编修；吉广舆等人奔走两岸，穿针引线；以及王志远、赖永海等大陆教授的辛勤撰述；刘国香、陈慧剑等台湾学者的周详审核；满济、永应等"宝藏小组"人员的汇编印行。他们的同心协力，使得这项伟大的事业得以不负众望，功竟圆成！

《中国佛教经典宝藏》虽说是大家精心擘划、全力以赴的巨作，但经义深邃，实难尽备；法海浩瀚，亦恐有遗珠之憾；加以时代之动乱，文化之激荡，学者教授于契合佛心，或有差距之处。凡此失漏必然甚多，星云谨以愚诚，祈求诸方大德不吝指正，是所至祷。

一九九六年五月十六日于佛光山

原版序
敲门处处有人应

心定

《中国佛教经典宝藏》是佛光山继《佛光大藏经》之后，推展人间佛教的百册丛书，以将传统《大藏经》精华化、白话化、现代化为宗旨，力求佛经宝藏再现今世，以通俗亲切的面貌，温渥现代人的心灵。

佛光山开山三十年以来，家师星云上人致力推展人间佛教，不遗余力，各种文化、教育事业蓬勃创办，全世界弘法度化之道场应机兴建，蔚为中国现代佛教之新气象。这一套白话精华大藏经，亦是大师弘教传法的深心悲愿之一。从开始构想、擘划到广州会议落实，无不出自大师高瞻远瞩之眼光，从逐年组稿到编辑出版，幸赖大师无限关注支持，乃有这一套现代白话之大藏经问世。

这是一套多层次、多角度、全方位反映传统佛教文化的丛书，取其精华，舍其艰涩，希望既能将《大藏经》

深睿的奥义妙法再现今世，也能为现代人提供学佛求法的方便舟筏。我们祈望《中国佛教经典宝藏》具有四种功用：

一、是传统佛典的精华书

中国佛教典籍汗牛充栋，一套《大藏经》就有九千余卷，穷年皓首都研读不完，无从赈济现代人的枯槁心灵。《宝藏》希望是一滴浓缩的法水，既不失《大藏经》的法味，又能有稍浸即润的方便，所以选择了取精用弘的摘引方式，以舍弃庞杂的枝节。由于执笔学者各有不同的取舍角度，其间难免有所缺失，谨请十方仁者鉴谅。

二、是深入浅出的工具书

现代人离古愈远，愈缺乏解读古籍的能力，往往视《大藏经》为艰涩难懂之天书，明知其中有汪洋浩瀚之生命智慧，亦只能望洋兴叹，欲渡无舟。《宝藏》希望是一艘现代化的舟筏，以通俗浅显的白话文字，提供读者遨游佛法义海的工具。应邀执笔的学者虽然多具佛学素养，但大陆对白话写作之领会角度不同，表达方式与台湾有相当差距，造成编写过程中对深厚佛学素养与流畅白话语言不易兼顾的困扰，两全为难。

三、是学佛入门的指引书

佛教经典有八万四千法门，门门可以深入，门门是无限宽广的证悟途径，可惜缺乏大众化的入门导览，不易寻觅捷径。《宝藏》希望是一支指引方向的路标，协助十方大众深入经藏，从先贤的智慧中汲取养分，成就无上的人生福泽。

四、是解深入密的参考书

佛陀遗教不仅是亚洲人民的精神归依，也是世界众生的心灵宝藏。可惜经文古奥，缺乏现代化传播，一旦庞大经藏沦为学术研究之训诂工具，佛教如何能扎根于民间？如何普济僧俗两众？我们希望《宝藏》是百粒芥子，稍稍显现一些须弥山的法相，使读者由浅入深，略窥三昧法要。各书对经藏之解读诠释角度或有不足，我们开拓白话经藏的心意却是虔诚的，若能引领读者进一步深研三藏教理，则是我们的衷心微愿。

大陆版序一

《中国佛教经典宝藏》是一套对主要佛教经典进行精选、注译、经义阐释、源流梳理、学术价值分析,并把它们翻译成现代白话文的大型佛学丛书,成书于二十世纪九十年代,由台湾佛光文化事业有限公司出版,星云大师担任总监修,由大陆的杜继文、方立天以及台湾的星云大师、圣严法师等两岸百余位知名学者、法师共同编撰完成。十几年来,这套丛书在两岸的学术界和佛教界产生了巨大的影响,对研究、弘扬作为中国传统文化重要组成部分的佛教文化,推动两岸的文化学术交流发挥了十分重要的作用。

《中国佛学经典宝藏》则是《中国佛教经典宝藏》的简体字修订版。之所以要出版这套丛书,主要基于以下的考虑:

首先,佛教有三藏十二部经、八万四千法门,典籍浩瀚，博大精深，即便是专业研究者，穷其一生之精力，恐也难阅尽所有经典，因此之故，有"精选"之举。

其次，佛教源于印度，汉传佛教的经论多译自梵语；加之，代有译人，版本众多，或随音，或意译，同一经文，往往表述各异。究竟哪一种版本更契合读者根机？哪一个注疏对读者理解经论大意更有助益？编撰者除了标明所依据版本外，对各部经论之版本和注疏源流也进行了系统的梳理。

再次，佛典名相繁复，义理艰深，即便识得其文其字，文字背后的义理，诚非一望便知。为此，注译者特地对诸多冷僻文字和艰涩名相，进行了力所能及的注解和阐析，并把所选经文全部翻译成现代汉语。希望这些注译，能成为修习者得月之手指、渡河之舟楫。

最后，研习经论，旨在借教悟宗、识义得意。为了将其思想义理和现当代价值揭示出来，编撰者对各部经论的篇章品目、思想脉络、义理蕴涵、学术价值等所做的发掘和剖析，真可谓殚精竭虑、苦心孤诣！当然，佛理幽深，欲入其堂奥、得其真义，诚非易事！我们不敢奢求对于各部经论的解读都能鞭辟入里，字字珠玑，但希望能对读者的理解经义有所启迪！

习近平主席最近指出："佛教产生于古代印度，但传入中国后，经过长期演化，佛教同中国儒家文化和道家文化融合发展，最终形成了具有中国特色的佛教文化，给中国人的宗教信仰、哲学观念、文学艺术、礼仪习俗等留下了深刻影响。"如何去研究、传承和弘扬优秀佛教文化，是摆在我们面前的一个重要课题，人民东方出版传媒有限公司拟对繁体字版的《中国佛教经典宝藏》进行修订，并出版简体字版的《中国佛学经典宝藏》，随喜赞叹，寥寄数语，以叙因缘，是为序。

二〇一六年春于南京大学

大陆版序二

依空

　　身材高大、肤色白皙、擅长军事的亚利安人，在公元前四千五百多年从中亚攻入西北印度，把当地土著征服之后，为了彻底统治这里的人民，建立了牢不可破的种姓制度，创造了无数的神祇，主要有创造神梵天、破坏神湿婆、保护神毗婆奴。人们的祸福由梵天决定，为了取悦梵天大神，需要透过婆罗门来沟通，因为他们是从梵天的口舌之中生出，懂得梵天的语言——繁复深奥的梵文，婆罗门阶级是宗教祭祀师，负责教育，更掌控了神与人之间往来的话语权。四种姓中最重要的是刹帝利，举凡国家的政治、经济、军事、文化等等都由他们实际操作，属贵族阶级，由梵天的胸部生出。吠舍则是士农工商的平民百姓，由梵天的膝盖以上生出。首陀罗则是被踩在梵天脚下的土著。前三者可以轮回，纵然几世轮转都无法脱离原来种姓，称为再生族；首陀罗则连轮回的因缘都没有，为不生族，生生世世为首陀罗，子孙也倒霉跟着宿命，无法改变身份。相对于此，贱民比首陀罗更为卑微、低贱，连四种姓都无法跻身其中，只能从事挑粪、焚化尸体等最卑贱、龌龊的工作。

出身于高贵种姓释迦族的悉达多太子，为了打破种姓制度的桎梏，舍弃既有的优越族姓，主张一切众生皆平等，成正等觉，创立了佛教僧团。为了贯彻佛教的平等思想，佛陀不仅先度首陀罗身份的优婆离出家，后度释迦族的七王子，先入山门为师兄，树立僧团伦理制度。佛陀更严禁弟子们用贵族的语言——梵文宣讲佛法，而以人民容易理解的地方口语来演说法义，这就是巴利文经典的滥觞。佛陀认为真理不应该是属于少数贵族、知识分子的专利或装饰，而应该更贴近普罗大众，属于平民百姓共有共知。原来佛陀早就在推动佛法的普遍化、大众化、白话化的伟大工作。

佛教从西汉哀帝末年传入中国，历经东汉、魏晋南北朝、隋唐的漫长艰巨的译经过程，加上历代各宗派祖师的著作，积累了庞博浩瀚的汉传佛教典籍。这些经论义理深奥隐晦，加以书写的语言文字为千年以前的古汉文，增加现代人阅读的困难，只能望着汗牛充栋的三藏十二部扼腕慨叹，裹足不前。

如何让大众轻松深入佛法大海，直探佛陀本怀？佛光山开山宗长星云大师乃发起编纂《中国佛教经典宝藏》。一九九一年，先在大陆广州召开"白话佛经编纂会议"，订定一百本的经论种类、编写体例、字数等事项，礼聘中国社科院的王志远教授、南京大学的赖永海教授分别为中国大陆北方与南方的总联络人，邀请大陆各大学的佛教学者撰文，后来增加台湾部分的三十二本，是为一百三十二册的《中国佛教经典宝藏精选白话版》，于一九九七年，作为佛光山开山三十周年的献礼，隆重出版。

六七年间我个人参与最初的筹划，多次奔波往来于大陆与台湾，小心谨慎带回作者原稿，印刷出版、营销推广。看到它成为佛教徒家中的传家宝藏，有心了解佛学的莘莘学子的入门指南书，为星云大师监修此部宝藏的愿心深感赞叹，既上契佛陀"佛法不舍一众"的慈悲本怀，更下启人间佛教"普世益人"的平等精神。尤其可喜者，欣闻现大陆出版方东方出版社潘少平总裁、彭明哲副总编亲自担纲筹划，组织资深编辑精校精勘；更有旅美企业家鲁彼德先生事业有成之际，秉"十方来，十方去，共成十方事"之襟怀，促成简体字版《中国佛学经典宝藏》的刊行。今付梓在即，是为序，以表随喜祝贺之忱！

二〇一六年元月

目　录

前　言　001

题　解　009

经　典　021

  1　序分　023

  2　正宗分　029

    第一章　真能立门　029

    第二章　似能立门　089

    第三章　真现量门、真比量门　218

    第四章　似现量门　238

    第五章　似比量门　240

    第六章　真能破门　242

第七章　似能破门　247

　　3　流通分　250

源　流　253

解　说　283

参考书目　295

《因明入正理论》科判

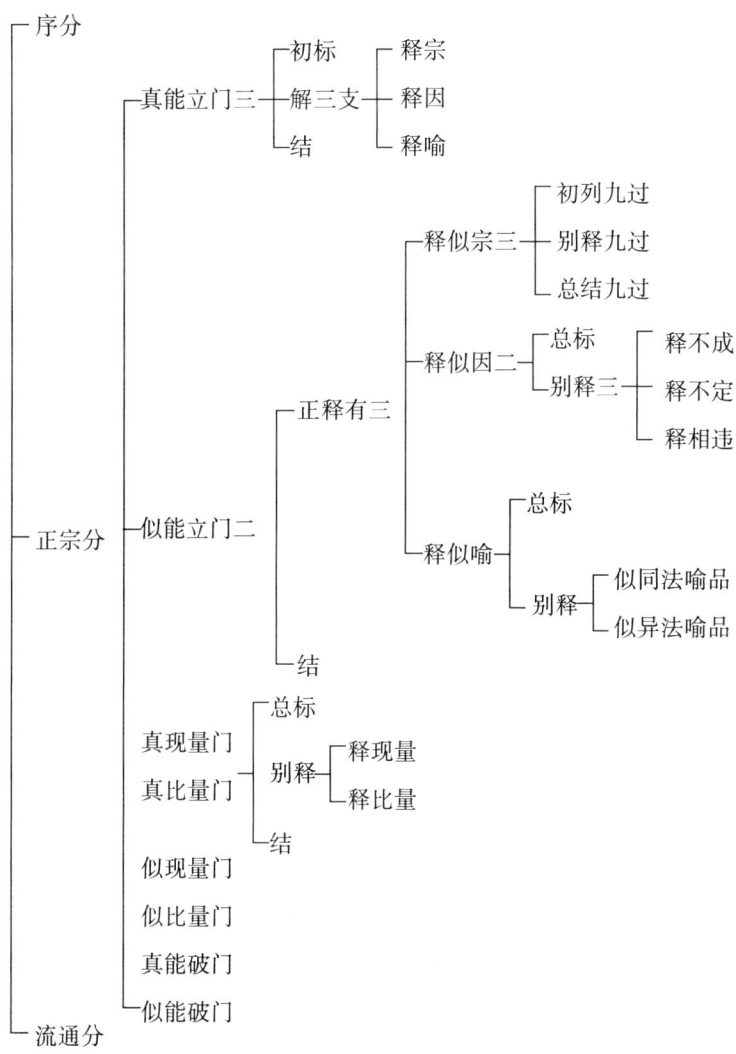

佛典浩若烟海，尤以其中因明之书难以索解。其原因之一在：会昌法难以后，因明典籍多有散失，僧人不遑自保。待佛事略有恢复，已很难顾及这门学问。以后千余年间，释门重禅悟，教外讲性理，故因明学已成"文化断层"。

自清末民初以来，才有硕学通家、有识之士对海内外因明著述作了大量搜集整理校刊及研究的工作。但对佛典，尤其对因明论疏作白话翻译的事是前所未有的。

唐人译经，文体极近六朝，美丽与流畅自不待言，尤其是玄奘所译的经典，今天我们读起来依然朗朗上口。但如果要从义理上下功夫，我们觉得困难的多半是名相概念，其中有一些又还是玄奘大师的衍义，这也是无法的事，当初翻译佛典时，汉地人有自己的文化，对于印度语言以至思维习惯都几乎是茫然的。而对这异文化圈内最深层部分的宗教哲学加以宣传说明的，只有几个学问高僧。

天分之高如玄奘大师，在翻译中只好参考前人以往关于形而上问题的思辨，借用其中的某些概念，虽然可能赋予新义，但本身也容易引人误解。遇到连譬喻也无法说明时，除了另立名相又有什么办法呢？这就为当时佛典的传播增添了困难。所以古代译经完成之后，译师还有自己在寺庙中讲解的任务。

名相概念是他个人或他周围几个人依据自己的理解借用或杜撰的，不经他在经典外的解说诠释，别人如何能懂？正因为对佛经本文的理解同各时期学问僧人的学术背景分不开，而古代的文化传播媒介有限，基本的共识只能存在于局部文化圈子中。就是说，很难对印度佛教本文达成较大范围的共识；而佛教经典中深奥玄远的哲学观念又是中国人不熟悉的。理解体会的差异，使得在一个历史时期，同一经典，往往译本迭出。

时过境迁，我们在一千余年后来读唐人甚而唐以前的译本，当然会更有隔膜的感觉。面对着具有深邃含义的经典，往往不知所云。以现代汉语译释佛典的着眼点是这样的：要使更多的人听闻佛法，回心向善，除了使用普通人都明白的白话，恐怕没有更好的方法了。

为此，笔者以白话重译佛典，在某种程度上是将佛家特有的名相塞进现代人的日常语词概念，加之我们的翻译文本又不是梵本，而仅仅是公认的优秀汉译本，这就免不了有削足适履的危险。不过，在这个再消化的过程中，只要从整体着眼，多联系上下文去把握体会名相含义，便不会离经典原意太远。

所幸是《入正理论》这样的佛教逻辑教科书，一方面具有理论体系的严密性与一致性，有利于我们从全局去把握范畴概念。何况原著者商羯罗主的叙述已有清晰的条理性。另一方面，还有近现代学者对因明学研究阐释而留下的不少文字数据，使我们得以准确地把握历来争论分歧较大的许多因明术语。

我们这一时代的人，都是在"西学东渐"后形成的教育制度下受熏陶的，稍微有些素养的也都接触过西方形式逻辑。因而我在《入正理论》的释文部分有时采用亚里士多德逻辑学说作比附性说明。笔者又觉得，有志于佛学研究或因明研究的读者必将抛弃我们的讲解，披阅佛典，直探本源。

因此，我们不过扮演着不高明的领路人的角色。这就要求保留较多的具有佛家特色的名相概念。因而笔者只在译文时多使用形式逻辑术语，在释文部分也只在开始见面时，借亚氏逻辑术语对照比附，后文中则尽量采用玄奘窥基师徒传习因明时用的术语。读者会发现，释文后半部分的形式逻辑术语逐渐减少了。笔者所希望的，是在有助于初学佛者理解的前提下，尽可能接近玄奘窥基的理解。

还有一点要说明一下，佛教因明理论中，现量与比量是不可分割的两个部分。"因明"一词是佛教术语，窥基以为"因乃诸法之因，明乃彻法之智，乃至万法之因，明了无碍"。因明被认为是对思维形式和规律进行研究的学问。至于逻辑，印度的外道也讲求，他们称之为"正理"。但"正理"更主要地是关于论证的理论，佛家的"因明"还包含了认识论的部分，因而更多地被称为量论。

量论是佛教晚期发展阶段中的重要内容。因此，在七世纪时的中国尚不太强调因明中的认识论内容。这一关系到佛教本体的认识与把握的思想精髓，甚至未引起玄奘本人的重视。其实这些恰恰是唯识法相宗中，世亲菩萨以下直至陈那菩萨，不断发展推进学说的必然归宿。陈那将佛家本体学说融通于认识论而形诸因明，不可谓贡献不大。

笔者就《入正理论》讲现比二量分别时，有意多介绍因明家关于现量学说的基本原则，以期引起重视。当然，略过这一段文字并不影响对因明逻辑原则的理解。

为什么呢？谈逻辑不妨悬置本体论，但谈宗教解脱，却离不了本体论及有关本体的认识论、实践论。

《因明入正理论》释译虽然完成了，但笔者捉襟见肘、力不从心之处，比比可见。古人说，译经大事，错谬一字，难免堕阿鼻地狱。就笔者言，虽有谬误，但绝无毁谤三宝的意思。望读者识之。

题

解

《因明入正理论》由唐代佛教大学者、大旅行家及大翻译家玄奘法师于唐贞观二十一年（公元六四七年）译成汉文。本论的梵文名称为 *Nyāyapraveśa śāstra*。此论汉译名称中的"因明"二字是玄奘大师加进去的。"因明"梵名为 Hetuvidyā，Hetu 为"因"，指立论推理的基础和依据；vidyā 为"明"，意指学问，指系统的学说。

　　以佛家话说，"明"取慧能破暗之义。佛家以为人生有诸多烦恼障碍，是为毒药，是为苦因。由烦恼生出种种妄想执着，颠倒见解。因而陷入自身手织的罗网，难以自拔。只有培养起如利剑的智慧，才能克服障碍，获得正觉。

　　就佛家言，修习之途无非戒、定、慧。而达到智慧，应该修习五明。故《地持》云："菩萨求法，当于何求？当于一切五明处求。"五明指声明、因明、医方明、工巧明及内明五种学问。

在佛家看来，一切学问都有引发正当认识，最终导向大彻大悟的功效。在随俗的顺世间的层次上，佛家是倡导一切学问的。"因明"，可以释为借论理而启人智慧的学问，同样可以破除黯障，引发正智。因明借澄清认识源泉而剖析认识主体自身。又通过建立立破之则而令他人舍伪归真。

玄奘的高足窥基[①]大师在释"因明入正理论"一名时，扣着"因"的名称作了五种解释。照他的意思，"因"是借语言形式表达的理由，立论人借语言提出主张，"建本宗之鸿绪"；"明"则说敌证一方的智能，如灯照物，对立者语言加以把握。"非言无以显宗，含智义而标因称，非智无以洞妙，苞言义而举明名。"意思是说"因明"本身就隐含了对语言和智能的肯定。因是引起智解的，明是智能对语言内涵的了解。语言所欲传达的立者所宗的正理，由此语言，未生之智能得以产生，生出智慧便是入正理。"由言生因故，敌者入解所宗，由智了明故，立者正理方显。"

从"因明"二字，可以看出玄奘对于语言在认识活动中功用的估价，因为在佛教有关逻辑的所有论著中，似乎还没有发现标题中有"因明（Hetuvidyā）"的梵名词。窥基对本论标题的解释发挥当然应该是循玄奘而来。由涉及语言在表达和理解中的作用，窥基（当然更有玄奘）在因明学中注入了对语言特性的研究。

按玄奘师徒的说法，"因明"之"因"从广义来看，有生因和了因两方面。生因有言生因、智生因和义生因三者；了因则有智了因、言了因和义了因三者。生了二因中又唯以"言生"、"智了"为基本意义。正是语言传达了道理，正是语言成为听闻者的直接了悟对象。离开了智能和理性能力，也就丧失了语言和逻辑的全部意义。因而，"因明"是借语言表达而引人智能的，智能生出也就意味着达到并进入了正理。

另一方面，"入正理论"还有另外一种解释。首先，"正理"兼有逻辑的与伦理的两种意义，从而"入正理"便意味着凭借本论登堂入室去把握逻辑思维的原则和佛教的解脱之道。还有一种解释是与陈那菩萨的《正理门论》[2]相关的。陈那针对外道"妄说浮嚣，遂生趣解之由，名为门论"，专门为澄清认识逻辑而撰写了《正理门论》。但陈那此论含义深奥，也不是随便就可以掌握的，所以他的弟子商羯罗主对《正理门论》条分缕析，整理总结，有所损益，撰写了《入正理论》，用窥基的话说，即"恐后学难穷，乃综括纪纲，以为此论，作因明之阶渐，为正理之源由，穷趣二教称之为入，故依梵语曰：因明正理入论"。就是说，《入正理论》只是作为达到陈那《正理门论》的阶梯。

《正理门论》分真似能立和真似能破两大部分，其中虽仍保留了对九句因的论述，却没有对因三相之第一"遍是宗法性"加以强调；其讲解似能破，即讲解对有过失论式的破斥部分，倒根据《正理经》所列的十四种过失去发挥。大体看来，该论内容有些庞杂，不宜于初学因明者掌握。因此，《入正理论》的作者商羯罗主对陈那学说加以消化，紧紧围绕因三相，从宗因喻上去总结可能的逻辑过失。他的论著无论就层次性还是就条理性而言，都达到了古代逻辑著作的最高水平，确实是初学因明者的门径。

因明学分古新两大阶段。其间的分水岭便是陈那菩萨。古因明的理论水平可以征之无着、世亲两菩萨的著作。无着是大乘有宗，亦称瑜伽行派的创始人。世亲菩萨是他的弟弟，先从说一切有部出家。相传曾因听哥哥诵读《十地经》而幡然悔悟，弃小乘而宗大乘。兄弟二人的著作中显露出对古代印度正理派逻辑成果的批判吸收。但大致说来，古因明至世亲时，仍然没有成熟到精密准确的地步。所以，窥基才说"爰暨世亲，咸陈轨式。虽纲纪已列，而幽致未分，故使宾主对扬，犹疑立破之则"。

到世亲的弟子陈那时，因明学因之而得长足发展。据西藏佛教学者多罗那他③说，陈那是南印度建志地方的星伽薄多城人，出身婆罗门。先从犊子部出家，与师见不合而出走。四处问学，后师事世亲菩萨，受持大小乘经典五百部，总持真言囊括其内，曾亲见文殊菩萨，得以随愿闻法。据说，他辩才无碍，挫败许多外道，都使皈依佛法。

世亲一系的学问大致分四家：陈那为其中独重因明者。他曾于当时印度最有声望之文化学术中心那烂陀寺讲授唯识和因明学。陈那菩萨的因明著述有《因轮抉择论》《正理门论》《集量论》等，其学术风格分为两期，前后殊为差异。早年讲因明偏于论议逻辑，晚年学问至炉火纯青之时，融佛学于一体，尽铸于《集量论》之中。

如果说，古因明对于佛家，仍只是论议工具的话，从陈那《集量论》往后，因明已经成为佛家哲学的组织手段，通过对人类认识根源的考察分辨，使逻辑与认识论内在联系起来；又通过认识论而提出了如何达到宗教本体的问题，从而引出了真理观、实践论。

陈那菩萨之后，因明学上的重要人物便是本论著者商羯罗主，又称天主，梵名 Saṅkarasvāmin。商羯罗意为"骨架"。印度人多受婆罗门教影响，信仰大自在天。

说大自在天为导化人间众生，常变化为二十四种形状，其中之一便是修苦行而成的骨瘦如柴状，如同骨架。因而商羯罗也是大自在天的别名。至于商羯罗主一名，得之于本论作者的父母。当初他父母盼望得一儿子，便向大自在天祈祷，以后意愿得果，便给孩子起名"商羯罗主"，希翼大自在天为之做主。

对于本论作者的生平我们一无所知。今存之梵本《入正理论》并没有作者署名。印度人古时候并无著书留名的习惯。汉译《入正理论》的作者名是玄奘加上去的。玄奘在印度曾多次听人讲解此论，这个名字当不是随便杜撰，应该是确有所出的。据说，商羯罗主是陈那的弟子。《入论》的理论结构也极近陈那早年的学说。陈那早年游学于南印度各地。商羯罗主也多半为南印度人并于彼时追随其师。

《入正理论》是汉译佛家因明著作中仅存的两部印度著述之一。西藏也有本论的藏译本。但藏传佛教中更重视法称量论著作。《入论》的第一个藏译本出在约十世纪时。但西藏学者原先只是耳闻而并未见过陈那的《正理门论》，故以为《入论》便是《正理门论》，因而将陈那当成了《入论》的作者。以讹传讹，直到十三世纪时，西藏又从另一个梵本译出了《入论》，但仍以为陈那是《入论》的作者。

《入论》梵本在近代一直被认为已经佚失。本世纪初，印度学者维地雅布萨那，又称明庄严者，著《印度逻辑史》，也认为本论梵本不存。其实，它保存在耆那教的经典之中。十一世纪时耆那教的师子贤还著有《入正理论疏》。最先发现并将《入论》梵本刊行于世的是俄国学者米洛诺夫（公元一九三一年）和印度的巴洛达东方研究所（公元一九二七年）。两个梵本均与现存汉藏译本互有出入。玄奘大师当初翻译依据哪个本子尚无定论。

　　中国特别重视陈那早期的因明论著。由于西藏佛教的传入是在陈那再传弟子法称的学说在印度盛弘之后，所以藏人特重量论，法称因而也享有盛誉。这就形成了佛学当中，藏汉因明的不同风貌。

　　因明学在中国的讲传人，一开始便与创立法相宗的玄奘大师联系在一起，正是玄奘及其高足窥基，对因明学传布作出了不容置疑的重大贡献。玄奘在因明学上的精深造诣得之于他在印度时的悉心钻研。他在戒日王设的无遮大会上立"真唯识量"以及学成归国前修订仗林山胜军居士的"诸大乘经是佛说"一量，足以说明，其因明学水平已达当时印土学术界的顶峰。

　　玄奘归国后二年，即贞观二十一年（公元六四七年），尽管当时正忙于翻译《瑜伽师地论》这部大论，但仍抽时间译出了《入正理论》；又二年（贞观二十三年）再译出了《正理门论》。

《入正理论》以二悟八义为纲目，其中又以真能立、似能立为主干。真能立讲三支，突出因之三相；似能立便围绕宗因喻讲三十三种过失。实际上从《入论》的内容也可以看到印度逻辑著作的基本成分，即：量论部分，它涉及知识和获得知识的方法，在《入论》中这是现比二量，也即是"立具"的部分；论式部分，这指获得正确知识或知识推理方式及其理论，《入论》中便是三支以及以因为中心的三相理论；第三部分便是谬误论的研究，这指似能立、似能破，等等。

现存《入论》的注疏中，最完整也最重要的便是窥基的《因明入正理论疏》。此疏分量颇大，解释详尽，是公认的了解因明学的基本教材。俗称《因明大疏》，或简称《大疏》。《大疏》是我们释译《入正理论》的基本依据。但窥基的《大疏》也未完成，约讲解了《入论》的六分之五。窥基弟子慧沼接着该论中"似能立不成"往下注疏，续成其师的工作。

当初玄奘在长安译出因明二论，作为一门新学科，在僧俗知识界中轰动一时，颇有众多学人锐意钻研，一时疏记文字蜂起，有"译寮僧伍竞造文疏"之说。从贞观二十一年至开元年间，《入论》疏记已有二十余部，

《门论》也有十六—十七部注疏。现在仅存神泰、净眼的《正理门论疏》，且已是残本。《入正理论疏》也只有文轨的《庄严疏》残本。窥基《大疏》八卷，其弟子慧沼及再传弟子智周的疏释，由智周弟子神昉传至奈良，作为"北寺传"的学术内容保存下来。延至我国明代，连《大疏》也已佚亡。明僧智旭研究因明，所据者也只是宋代延寿《宗镜录》中保存的一些片段。直到清末，石埭杨仁山居士才从日本取回《大疏》全本，由金陵刻经处刊行于世。

总而言之，从因明学在东亚的传播看，它在我国藏地，甚而在东邻日本的遭遇都比汉地要好一些。在我国汉地和朝鲜、日本的因明学传统中，《因明入正理论》又享有特殊的重要地位。因此，我们今天首先对《入正理论》加以现代汉语的译注，以期更多的人，通过这部被采用为入门教材已有千余年历史的因明论著，了解佛教因明，最终也入于正理。

注释：

① 窥基（公元六三二—六八二年），唐代学问僧。法相宗实际创始人。著述甚丰，号称"百部疏主"。因明学在汉地的主要传人。所著《因明入正理论疏》为研

究因明学的基本著作,又称《大疏》或《因明大疏》。

②陈那《正理门论》,有两个汉译本。一为玄奘译,一为义净译。专家认为两个本子属同本异译,因而内容基本相同。其中义净译本(它译出于唐景元二年,即公元七一一年)在第一颂之后多出约三三〇个字的译文。一般认为义净手中当时有一个《正理门论释本》,但他为什么不将释文译完呢?恐怕我们永远不会得知个中究竟了。

③多罗那他(约公元一五七五——一六三四年),原名噶宁波,出生于后藏喀热琼尊。一六〇八年,撰成《印度佛教史》。

经典

1　序分

原典

能立与能破,及似唯悟他。
现量与比量,及似唯自悟。

译文

能成立之言与能破斥之言,以及虚假的能成立与能破斥之言,其本来目的在于引发他人的了解觉悟;感觉与推理,以及虚假的感觉与推理,其本来目的在于使认识者自身获得智慧觉悟。

解说

起首"能立"以下二十个字,称为头颂。可以视为因明学的纲目。它概括性地标示了因明的总体内容。也就是古来所说的"二悟八义,四真四似"。"二悟八义"又称"二益八门"。二悟,指自己和他人的了悟;八义,指真能立、真能破、真现量、真比量及虚假的似能立、似能破、似现量和似比量共八者。此处之"真",意谓从形式到本质都没有过失;而"似"则意谓"似是而非",作为虚假的认识形式,因此无从引发正智。

所谓"现量"、"比量"之"量",本义为"量度"、"衡量"。以我们的智慧去认识事物,犹如以尺去量布,以升去量米。在佛家因明中,"量"可以表示我们认知了解的过程和作用。

现量,指凭我们被称为五根的眼耳鼻舌身诸感官去直接觉知对象。因明家眼中,量的过程与结果不可分离,在他们的表述中二者同一。这叫"量即量果"或"能量即果"。

一句话,眼见、耳闻、指触等皆是现量,但眼见之花色为红为青,耳闻之音色是锣是号角,就是现量,就是知识。在未经语言表达的情况下,这种知识只有感觉者自己知道,所以属于自悟的范围。现量有正确和错误的区别，前者称真现量，一般也就称现量。错误的感知称似现量。

真似现量的区分在于"离分别"与"无错乱"二者。"离分别"即指纯然感觉活动不应涉及语言思维；"无错乱"指认识主体，主要指五根不发生任何失误，没有生理性的毛病。

比量，通常指推理过程和推理知识。现量是现知，当下的个人的了解。比量的对象及关于它的知识不能直接获得，但可以依据某一征象标志，间接地揣测到某一事理，这属于比知，因而称比量。比量是从已知推至未知。尚未以语言明确说出而仅在内心借助思想概念而展开的推理过程，称"为自比量"，其最终是认识者自身获得知识。若将推理过程借助语言道出，将认识过程再现，意在说服他人、启发他人，则这一推理过程称"为他比量"。为自己的与为他人的推理，区别最根本处也就是何人受益。为自己的推理，在思维起点上，本人也不一定知道所推导出来的结果；为他人的推理则是推理人重新显示自己的认识过程及结果于他人。这个他人在因明中指"敌证者"、"有问者"。

似现量，也便是虚假的感觉知识。印度哲学中对此题目特别重视，佛家与外道争论也颇激烈。似现量所涉及的首先是真理的标准问题，也涉及了所知对象与能知主体的关系问题，涉及了如何看待日常生活中显示的诸事物，从山河大地到语词概念的本质的问题。就是在佛家内部，对于似现量的本质定义也是议论不休的。陈那与其再传弟子法称虽同被认为是瑜伽经量部因明家，但他们关于似现量的看法仍然有不相同之处。本论释文中，似现量指错觉或者幻觉。

至于似比量，指似是而非的推理。一般说来，它的毛病出在理由的不确切或其他错误上；也可能以命题形式提出的主张是有漏洞的。似比量的错误通常是形式逻辑方面的。

讲过现量与比量的真似，我们回过来看本论起首一颂中的"能立"与"能破"。能立与能破是《入正理论》的基本内容。本论下文所述，无不落在能立及能破的范围内。自己有什么主张，依靠自身语言表达出来，引述正当的理由加以证明，这便是"能立"。不赞成别人的主张，指出其所以不能成立，这叫破斥。能被破斥的对象当然是成问题的"似能立"。

破斥的方法有两种，一种直抒己见，与别人的立论正相反对；一是顺着别人的立论推下去，显示其荒谬可笑，称为归谬法。这是大乘空宗龙树菩萨善用的论法。"似能立者"必然是"真能破"的对象；是"真能立"则不怕他人质难，任何针对它的兴言破斥无非是"似能破"而已。

为什么说"能立与能破,及似唯悟他"呢?真能破与真能立能够启发、觉悟他人自不待说。何以似能立及似能破也会有此功能呢?可以这样来看:能立与能破无论是否有过,其初衷总是要想启发他人的。相应地,现量与比量的根本目的也在于使自己获得知识,而不能说因为犯有过失便改变了认识手段的目的。有漏洞的知识手段只是达不到自悟悟他的目的而已。

原典

如是总摄诸论要义。

译文

以上所说,从总体上完全包含着所有因明论著的核心内容。

解说

前面所说的"二悟八义"包含了佛家因明的基本内容。这里说说《入正理论》的基本结构,大致分为三部分。开头一颂，亦称首颂，总摄因明要义，无非前述之二益八门。第二部分分叙八门，先释能立，再释似能立；继而现量、比量、似现、似比；末了则说能破及似能破。第三部分中释能立及似能立两者最详。

能立主要叙三支比量的逻辑特征及本质。似能立则讲解随逻辑本质和因明规则而来的一切可能谬误，可视为逻辑谬误论。它以因明形式上的错误为研究对象。《入论》对现比二量及似现似比和能破似能破都讲得极简要。一则是作者不想分散注意力，转移重心；二则因为已经在论中其他地方不同程度地讲到过这些节目。

第三部分是重新对因明的基本内容作一总结，此部分更略，仅一句话连同一个末颂。这也是印度著述，尤其是佛教论著的结构特点，末颂是对头颂的呼应，也是最具概括性的总结。按以往的说法《入论》分两部分：一、标宗随解分；二、显略指广分。前者逐一解释总纲目提及的二悟八门义；后者指出应从别的经论中寻求广博含义。

2　正宗分

第一章　真能立门

原典

此中宗等多言,名为能立,由宗因喻多言,开示诸有问者未了义故。

译文

这当中论题(理由、喻证)等言辞称为"能成立",因为论题理由喻证这些言辞的目的就是向有疑问的人显示他们未曾领悟的道理。

解说

自此，本论开始阐述因明中最重要的基本原则，即能够使因明论式得以成立的诸规则要求。

按因明说法，"能立"包含宗因喻三支，三者共同成为一个论式，也即一个比量，简称一量。凡对立论人之主张不清楚不了解而有所疑问者，只有依据立论人出示的宗因喻三支，细加分辨审察，才能产生了悟。"宗因喻"我们分别释为"论题、理由、喻证"。

"宗"之梵名为 paksa，英译者一般采用拉丁名 probandum，即"所证"、"所求证"、"所待证"的意思，也就是一个由立论人提出的尚待敌证一方认可的命题。"因"之梵名为 hetu，系立论人据以说明其主张的理由。这里分辨一下"因"与"理由"。"因"指原因，多指实际因果关系中的在前者，如太阳一晒，石头发热。发热只是"果"，太阳晒才是"因"。至于理由，是道理的缘由、推理的缘由。实然之因，必在结果之前先出现，先因而后果。但作为推理的理由则不一定就是因。如我们可以说"石头热了，太阳晒的缘故"，也可以说"定有太阳晒，石头都发热了"。在后一句推理中理由便不等于原因。因明当中的"因"应当是推理的理由。

喻是立论者举出的实例证明，该实例可以总结出一般性的原则来。喻之梵名 drstānta，旧译名为"见边"。陈那大师改造过的新因明规定：喻证并非只是一个孤立的可以作譬喻的事物，它还蕴含着联系理由与论题主张的一般性原理。

论题、理由和喻证都是命题形式的。每一个判断都是成立某一主张所不可或缺的。能够成立一个论议主张得有三个命题判断，其中仅有三个词项，好比一鼎三足。三足亦称三肢（支）。因明中每一能立皆由三支所成。三支论式又称三支作法。三支作法是立论的语言形式。能立无论是真正的还是似是而非的，形式上都可表述为三支作法，能破也是如此，是真是似，都应有三个词项，三个判断。能立和能破本质上说是推理，都有悟他兼自悟的功能，因而都不出三支比量的范围。

因明是论证的或推理的。这推理是为了自己获得知识，所以是"为自比量"；而论证则是"为他比量"，因为它将立量人所获的知识演示给他人看，使其得以了悟。无论推理与论证，总要说明或达到某一目的。这在因明中称为"所成立"。如有人提出"声是无常"、"见烟有火"之类的，都是"所成立"，简称"所立"。但任何见解主张，不可以自己依赖自己站立，总得从形式到实质都有所依恃，有所依赖。这充当被依赖被依恃的，便是"能成立"，简称"能立"。"能立"又有广狭分别，广义之"能立"指整个比量式得以站立或建立的语词形式，这就包含了宗因喻三者；狭义之"能立"则仅指理由（因）这一部分，它的任务是证明论题（宗）上的主谓辞之间有不可分离的关系。与此相应，当能立指因时，所立便是宗了。

但在因明中，则规定所立此时应为宗之谓辞，认为主辞是否领有谓辞得靠因来证成。举例说，"声是无常，所作性故"。"无常"是所立法，"所作性故"是因，是能立法。"声音"是否"无常"，需要看"所作性故"能不能起到成立之功。

当然，因明论式并非从来就有三支。在佛教新因明产生之前，论式一般包含五个部分，亦称五支作法。举印度逻辑中惯常出现的论式，分列为五支和三支两种形式如下：

宗（论题）：声是无常，

因（理由）：所作性故，

喻（喻证）：譬如瓶等。

合（应用）：瓶有所作性，瓶是无常；声有所作性，声也是无常。

结（结论）：是故得知，声是无常。

宗：声是无常，

因：所作性故，

喻：若是所作见彼无常，譬如瓶等；若是其常见非所作，譬如虚空。

通过上面五支作法和三支作法的比较，我们可以看出，宗因喻三者是基本骨干。合（应用）支只是将喻例重新讲了一遍，而且显然是模拟性的推理。至于结（结论）一支仅仅重复论题。三支作法简洁明了，由于符合人们在论证推理中的思维程序，倒更增强了证明说服的力量。

从逻辑本质上看，因明三支与亚里士多德奠定基础的三段论推理形式是可以互换的，请试比较：

三段论式

大前提：凡诸所作皆是无常，

小前提：声音是所作者，

结　论：故声音是无常的。

三支作法

宗：声音是无常的，

因：所作性的缘故，

喻：若是所作，见彼无常，如瓶。

读者可以看出，因明当中，相当于三段论式中结论的宗（论题）是一开始就提出的。其所以如此，因明在印度主要是论辩工具，立论者对其所欲成立的主张，早就成竹在胸，他之所以列举因喻（理由喻证）不过是向敌证者疑惑者出示根据。语言上的抗争，开宗明义最为要紧。形式逻辑中的三段论，是据已知求未知的认识工具，结论自然在末尾而不在开头。前者偏于论议，后者主推导，功能不同，形式也便有差异。

关于"宗等多言，名为能立"尚有一点补充。将整个因明三支论议形式都视为"能立"是陈那大师创造新因明之后的观点。依古因明师的说法，能立部分要大得多，连未以形式表述在论式之中的知识来源，如现量、比量、圣教量（依据宗教教理和经典的求知途径）等都属于能立。"能立"究竟应有哪些呢？古因明是将宗列入能立范围的，但与宗并称的尚有其他七种，即因、喻、合、结、现量、比量、圣教量。自陈那菩萨以后，才有广狭之分的"能成立"。《大疏》说狭义能立："世亲之前，宗为能立，陈那但以……因、同异喻而为能立。"《入论》在这里所说的是广义的"能成立"，意在强调整个论议形式都服务于"开示诸有问者未了义故"，一切目的在于使心存疑问者有所了悟的主张，其全部的申述手段都是能立。

原典

此中宗者，谓极成有法，极成能别，差别为性，随自乐为所成立性。是名为宗。如有成立声是无常。

译文

这里的论题，是说应该有立论和敌证两方有所共识的主辞及谓辞，有陈述在后的谓辞对先所陈述的主辞所作的规定说明，命题是立论人自己乐于成立的。这命题就称"宗"。如像有成立"声是无常"这样的论题。

解说

宗因喻三支中，这里先提出论题之"宗"来讨论，并对宗的具体要求作了规定。"宗"，在前面已说，应该是命题形式的，它反映出立论人自己的主张。"宗"的意义，依窥基所释，是"所尊所崇所主所立之义"。用现在的话说，是立论人所尊重崇奉并主张成立的命题。

因明的"宗"有两个含义，一指宗支代表的命题判断，称总宗或宗体；另一则指宗依，又称别宗。意谓宗体依赖两个部分，两个词，此两词便是两宗依。以现代汉语语法分析看，宗之命题判断有主辞与谓辞二者。

从它们在该判断句中的位置而言，一为前陈，一为后陈，以陈述此二词有先有后的缘故；从概念的外延关系上说，它们又称自性和差别；从判断中属性及属性领有的关系看，又称体和义；从两个词之间能领有及被领有的关系看，又称有法和法，前者为能有，后者为所有；从谓辞对主辞的界定限制活动来说，它们又分别称为能分别及被分别，简称能别和所别。综合起来看，论题中主谓辞也可分别表述为以下这些关系：

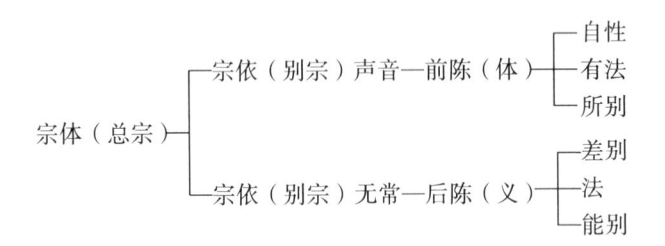

```
                    ┌─ 宗依（别宗）声音—前陈（体）─┬─ 自性
                    │                              ├─ 有法
宗体（总宗）────────┤                              └─ 所别
                    │                              ┌─ 差别
                    └─ 宗依（别宗）无常—后陈（义）─┼─ 法
                                                   └─ 能别
```

什么叫"自性差别"？《大疏》借《佛地经论》的话说："彼因明论，诸法自相，唯局自体，不通他上，名为自性；如缕贯花，贯通他上诸法差别义，名为差别。"（见《因明大疏》卷二）这是说任何事物（即"诸法"）均有其自身特有的规定性，此自我规定性是使该事物有别于其他任何事物，有别于哪怕是同类中的其他事物的依据。这就是自性，也称自相。任何事物除了自性还有共性，又称共相。此共相贯通到同类中一一个体上，标示出同一类事物的相似性、相同性，规定了每一个体事物的存有范围及特征。这种规定限制便是"差别"。简言之，事物与属性的外延关系便是自性与差别的关系。

以总宗"声是无常"为例,"声"是自性,"无常"是差别。若考察自性差别的概念间关系,它们有种属关系。如果,所有A均是B,而B并非A,则A是下层概念,B是上位概念。"自性"是自身周延的概念,故"局于自体,不通他上";"差别"是自身不周延的,故"贯通他上"。"自性"的外延小于"差别"的外延。故而,窥基在《大疏》(卷二)中说:"局体名自性,狭故;通他名差别,宽故。"图示如下:

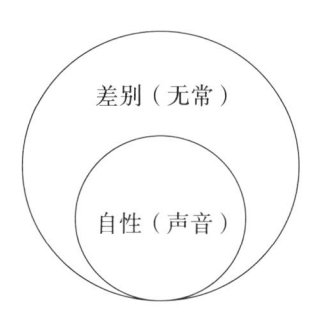

差别(无常)

自性(声音)

何谓"有法"与"法"呢?窥基又说,"法有二义:一能持自体,二轨生他解"。有法即能领有法性的东西;而法由于可以解释为"性质"、"属性",故称"法性"。它既有自我规定性("持自体"),又能对在前的有法起分别作用,从而使敌证一方产生见解,使其了悟某种知识。

何谓"能别所别"?《大疏》(卷二)说:"立敌所许,不净先陈,净先陈上有后陈说。以后陈所说别彼先陈，不以先陈别于后故。先自性名为所别，后陈差别名为能别。"立敌双方所争论的并非先陈述的主辞（有法），而是有法之上是否真有后所陈述的谓辞（法）的性质。前为被分别的对象，后为能分别的属性。

本论中此处何以从体与义相对的三对别名中各取一个来说明宗支的构成呢？窥基解释"自性差别，诸法之上，共假通名。有法能别，宗中别称，隐余通号。……前举有法，影显后法；后举能别，影见所别……互举一名，相影发故，欲令文约而义繁故"。

佛家因明论著，从来文约义丰，又为便于记诵，所以不须一一罗列，只从自性与差别、有法与法、所别与能别中各选一个概念对宗依加以说明，隐含了相对的概念。因明家觉得以上三对概念尚不足以穷尽宗上二依的关系，便另立体与义二者。"体"指事物，"义"指属性。属性必须依附于实有事物。当然，以事物及其领有属性的关系说明体与义，是就一般而论的。因明中，体与义的相对待关系可以视为总宗（命题）上的主辞与谓辞的对望关系。主辞所表达的可以是一事物，也可以是一性质。例如可立宗"无常可以比知"，其中的主辞"无常（性）"就不是一事物。在此意义上主辞之"体"并不一定实有其体，不一定是实物。

总说一遍，此段中以"声是无常"为宗。此中

"声"是体，又是前陈、有法、自性、所别；"无常"是义，又是后陈、法、差别、能别。

本论中所说"差别性故"，我们译为"陈述在后的谓辞对先所陈述的主辞所作的规定说明"。它原本的意思是说宗体所以得以成立，是后陈所意谓之属性差别规范了前陈所指的该事物的缘故。文轨《庄严疏》将此"差别性"释为"互相差别"，说"无常"差别"声"，明其为无常之声；反过来，"声"也差别"无常"，明其为声无常而非色无常。文轨的意思是说这种相互差别才保证了体义不相分离，方成宗体。借形式逻辑中关于直陈判断主谓辞是否俱为周延的讨论来审查，可以知道，"A是B"并不等于"B是A"，这是因为B概念在直陈判断中其全部外延并未得到断定。

因此，说"无常"差别"声"，它断定了"声"的全部外延，即凡声一定无常是可以的；但不可以说"声"也差别"无常"，因为同一判断中，"无常"之外延只得到部分断定，毕竟有不是"声"的"无常"。由此可以说，"相互差别"的说法是站不住脚的。我认为：只能以法差别有法，后陈差别先陈，而不能反过来说。

《大疏》在释"差别性故"时，前后立场并不一致，讲体义分别时，他说"先陈名自性，前未有法可分别故；后说名差别，以前有法可分别故"。又说"以后所说别彼先陈,不以先陈别于后"。这同前说的立场是一致的。但在释本论的"差别性故"之时,他则说,"差别者,谓以一切有法及法相互差别;性者,体也。此取二中互相差别不相离性,以为宗体"。这种态度又同文轨是相符的。后人已经注意到此处的矛盾。

"随自乐为所成立性"是说宗应该具有的另一特性。因明三支是立正破邪的论辩工具,宗支既然是所声明的主张,必然为敌方所不许可,这叫"不顾论宗"。意思是作为论题之主张有符顺自家反对敌者的特点。任何立量者不会也不该去提出并证明他不赞成的命题。作为论题的宗体应有主辞与谓辞两宗依,前面才说,它们又称先陈后陈,"陈"为"陈述"之义;或为所别能别,"别"为"差别、区别、说明"之义。

总宗虽然要成"不顾论宗",即"违他顺自",但宗依却要立敌双方就概念内涵外延达成一致认识,这种共识称"共许极成"。不仅宗上的主谓辞要共许极成,就是因与喻上的概念也应共许极成。

立敌双方对宗的认识有差别有冲突,是指对宗之命题含义产生分歧。对构成宗的两个概念并不会也不应该有分歧,真有歧义,只能说明立论人并未遵守概念的同一性原理。其结果是三支论式不再只有三词项,而潜在地产生了四个词项以上的逻辑衍义。

就宗支而言，立论人若对主辞或谓辞的概念意义不同意，不会用以立宗，敌证者若不同意，首先会针对概念质疑，更谈不上接受以有疑问的概念构成的宗体主张。因而，《入论》于此提出：一个合法的命题，应该"极成有法"、"极成能别"。

《入论》对宗体又说了两点：一是"随自乐为"，一是"所成立性"。因明宗支是一直陈判断，判断所蕴含之命题则是宗体。宗体代表了立论人意欲成立的主张。既然三支作法往往在论诤中成立，则一方所说、所申，必为另一方所不能、所反对。

因此宗体是一厢情愿的东西，是自己乐于完成的东西，故说"随自乐为"。至于第二点"所成立性"，与前面"随自乐为"有内在联系。宗既"违他顺自"，便是立论人"所尊所主所崇"。任何立论，总有理由与例证。先申主张，后出示因喻，前者为所成立，后者便是能成立。因喻之为能立也有分别，因是真正的主要的理由，喻是协助的补充的理由，虽然都称"能立"，但前为正因，后为辅因。综前所述，宗体有"随自乐为所成立"的性质。

"是名为宗"，指宗支若具有上述诸种特征，就算圆满无碍，可以称得上正当的论题。

"如有成立声是无常"，关于声之是否永恒存在的争论，是印度哲学中具有代表性的题目。究其原委，源于那些以吠陀经典为本据的婆罗门学者将吠陀视作天启的圣典。他们眼中，天启的必然是永恒常存的。

但吠陀经典从古至今，凭一代代学者口口相传，这口口相传的声音是可靠的吗？如果声音转瞬即逝，如何传达吠陀的真理？因此传达吠陀的声音应当是可靠的永恒的。婆罗门哲学中有一个声论宗，也称弥曼差派，主张声音是恒常的。

但在佛教方面看来，任何永恒性观念都是虚妄不经的东西。释迦牟尼凭其坚韧不拔的意志和勘破一切的大智慧，对婆罗门教进行了批判。从众生面临的无穷尽生死轮回中寻出了解脱契机，这便是四正谛传达的信息。为使众生摆脱因种种偏执而生出的烦恼障碍，佛陀证悟了宇宙的无常本质，由缘起而得出诸行无常、诸法无我这样两个不可分割的命题。

佛陀揭示了现存世间，因种种迷妄造成的无尽错觉和对永恒性的无望追求。佛陀指出：永恒境界——常乐我净——是有的，但并不在我们凡夫经历的因因相袭的此世间，只有证得菩提，破除烦恼，才能在超越性的境界中体会永恒。这种永恒性也不是我们不完全的不稳定的受诸多限制的语言所能描绘。这是佛家反对"声常"这一命题的历史的与认识论的思想背景。

此处"声是无常"的命题则是佛门弟子对声生论者所立的论题。单就宗依"声"与"无常"而言，两家都可以形成共识，对于"声"，立敌双方共认其实有其体；对于"无常"，双方也以为实有其义。前者满足两俱有体、后者满足两俱有义的条件。前面已经提到我们将领有属性的主辞规定为"体"；而将以其属性限定该主辞的谓辞所指规定为"义"。"两俱"之"两"指立论人与敌证者双方。

声生论者并不同意宗体之整个命题"声是无常"的含义，他们仅仅是就"声"与"无常"而分别与佛弟子有基本共识。故此命题"声是无常"有违他顺自的特点。

以上为释真宗（正当论题）的特征。

原典

因有三相，何等为三？谓遍是宗法性；同品定有性；异品遍无性。

云何名为同品异品？谓所立法均等义品说名同品。如立无常，瓶等无常，是名同品。异品者，谓于是处无其所立，若有是常，见非所作，如虚空等。此中所作性或勤勇无间所发性，遍是宗法性，于同品定有性，于异品遍无性，是无常等因。

译文

理由有三个特征。哪三个特征呢？是说：理由之属性完全存于论题主辞上；此属性一定存于同品事物上；此属性完全不存于异品事物上。

什么叫同品异品呢？与待证明的论题谓辞所指意义相同的事物称为同品。如要成立"（声是）无常"（的命题意义），瓶、罐等便是同品。至于异品，则指任何不具有论题所欲成立的属性的事物。如果有具备恒常性的事物，可知它是非造作而生成的，如虚空等，便是异品。这当中的"所作性"与"意志当下发动性"，（作为理由）完全是论题（中主辞"声"的）属性，在同品事物上一定存有，在异品事物上完全没有，所以是证明"无常"的理由。

解说

此处先对一个正当论式所需的理由加以说明，并探究其逻辑本质。一般说来，一个可以证成让人心悦诚服的道理的立论理由，应该具有"三相"，也即三种特征。何谓"三相"？《大疏》说"相者，向也……又此相者，面也，边也。……一因所依贯三别处"。因明论著的英译者一般将"相"译为 Mark，意为"特征"、"征象"。今译者便取此义。

按照《大疏》的解释，因明中的因支应通过其与宗中有法，与所立法（论题谓词）的同品和异品三者发生关涉，并满足这三方面规定的逻辑要求。仍以"声无常，所作性故"为例，此三方面图示如下：

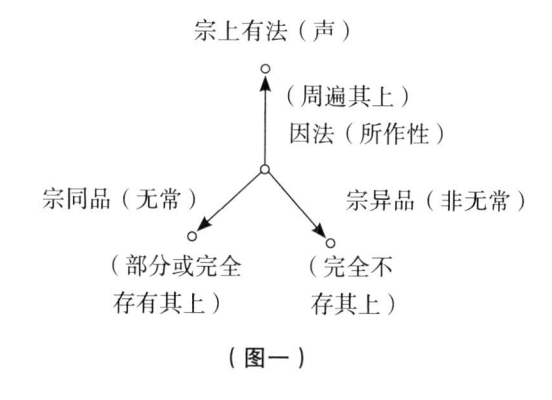

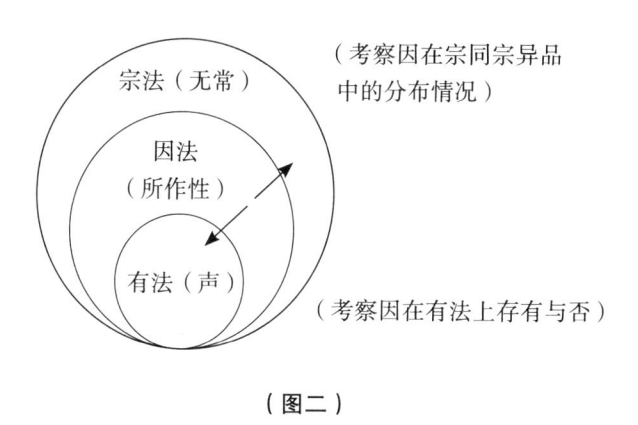

宗上有法（声）
（周遍其上）
因法（所作性）
宗同品（无常）　　宗异品（非无常）
（部分或完全　　（完全不
存有其上）　　　存其上）

（图一）

宗法（无常）
因法（所作性）
有法（声）
（考察因在宗同宗异品中的分布情况）
（考察因在有法上存有与否）

（图二）

上面两图对于理由的三相逻辑规定作了说明。这三相是"遍是宗法性"、"同品定有性"、"异品遍无性",一一分释如下:

一、释第一相"遍是宗法性"

"遍是宗法性"者,指因(理由)完全地成为宗上有法的性质。如图二所示,此因应在外延上完全包含有法,实现"因法的性质完全地充满宗上有法",即"一切有法均领有因法"。

"宗法性"之"宗",指宗支上的有法,也即论题之主辞。"法"在这里指理由。以"声是无常,所作性故"为例子,"声"是宗中有法,"无常"是宗之法,也称宗法。这里的"宗"应指论题上之主辞。论题是宗,为什么论题主辞也是宗呢?《入论》这里是依据陈那《正理门论》来的,那上面开头第二颂之后就讨论"云何此中乃言宗者唯取有法"。有人问,为什么"宗法性"之"宗"仅指宗上之有法呢?陈那答道:"以其总声于别亦转,如言'烧衣'或有宗声唯诠于法。"意思是说,作为总体名称的"宗"也可以分别指两宗依,即"法"与"有法"。好比说,衣服上烧了一个洞,并非整个衣服给烧掉,但此衣仍然称"烧衣"。

同样的道理,有法这一宗依也可以使用整体的名称"宗"。结果,"声"是宗法,而"无常"也是宗法,前后两宗依都称"宗法"，极易混淆。为便于理解，习惯上称"无常"为所立法，因为有法"声"是否领有"无常"法性是尚待成立证明的，仅为立宗人所欲成立而已；"所作性"因则相应称为能立法。因为立宗人希望借"所作性"去证明声之"无常"性。这里说"遍是宗法"指作为理由之"所作性"周遍地完全地为宗上之有法领有。

何以对因（理由）要作如此要求呢？因明中的因支实际只有一个概念，即如此例的"无常性"，它的潜在形式是一判断"（声是）无常性故"，这相当于三段论形式中的小前提，小前提是对小词（论题主词、有法）和中词（理由、能立法）的关系作出断定。

"遍是宗法性"实际规定了这种判断关系。理由之遍布于宗有法应该立敌双方共许共识，因此，理由是宗上有法的"极成法"；与此相当，宗上有法领有另一"不成法"，谓"声"之"无常"是立方许敌不许的"不顾论宗"。

我们再看宗之有法"声"与作为理由的能立因法"所作性"的外延关系。依据"遍是宗法性"的原则，也就是因法完全包含宗有法，从而宗有法在同因法组成的判断中是周延的，从而因法是不周延的。仍以"声无常，所作性故"为例，图示如下：

因法（所作性）

有法（声）

（图三）

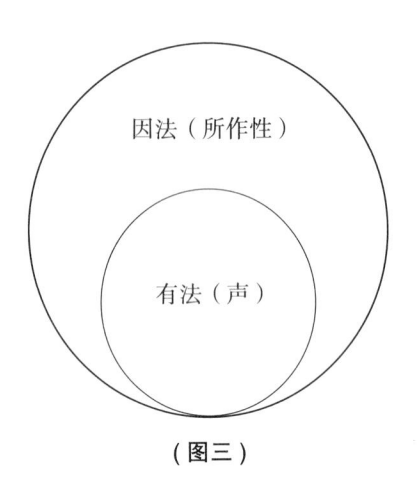

从图三可见，"所作性"之因法就外延看，完全包含有法"声"；"所作性"是能遍充，"声"是所遍充；"声"与"所作性"的概念间关系是种属的关系。

这里附带说，因法的外延在因明中永远要求大于宗上有法的外延，而不能相等或小于它，尽管在外延相等的情况下，"遍是宗法性"也得以满足，即可以满足"所有宗上有法均领有能立因法的性质"这第一相，但仍不能成立真宗。后面将会进一步说明这点。（参见后面图五处文字说明）

下面以"声无常，所作性故"为例，列出亚里士多德三段论推理式与因明论式，请读者比较：

三段论式

大前提：凡诸所作，见彼无常，

小前提：（声为）所作，

结　论：故声为无常。

三支论式

宗：声是无常，

因：所作性故，

喻：若是所作，见彼无常，如瓶。

这里的三段论式就格式言，属于第一格中的AAA式（自然它也可以转为EAE式，仅需将大前提和结论中的系词换成否定式并相应对大前提和结论中的谓词改性即可）。三段论的规则之一要求：中词——它相当于因明三支作法中的能立因法——在整个推理过程的三个环节中至少要周延一次。三段论诸格式中相当于因明作法的仅为第一格之AAA和EAE式。

就AAA式言，对上面的两种形式进行比较时，我们知道中词"所作性"已获一次周延。在大前提"凡诸所作，见彼无常"中，从外延关系看，"无常"包含了"所作性"，"无常"普遍地充满于"所作性"，故中词"所作性"是周延的，即全部外延得以断定。图示为：

```
    ┌─────────────────────┐
    │    大词（无常）      │
    │  ┌───────────────┐  │
    │  │  中词（所作性）│  │
    │  │  ┌─────────┐  │  │
    │  │  │小词（声）│  │  │
    │  │  └─────────┘  │  │
    │  └───────────────┘  │
    └─────────────────────┘
```

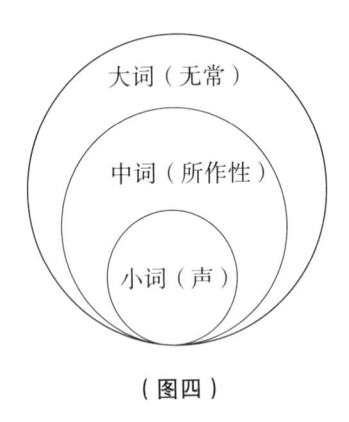

(图四)

图四告诉我们，大前提上中词得以周延，小前提上小词又得以周延，故而，在结论中的小词与大词外延关系上，小词有理由也是周延的。

若就因明论式言，其逻辑的重心全在因上（而不是像三段论式中将大小前提视为同样重要）。因（理由）具有特别的功能，它必须以立敌之间的"共许法"身份去达成有法（论题主辞）与宗法（谓辞）的"不共许"关系，证明有法在宗上是周延的。这就要求有法与因法的判断关系中，有法是周延的。这就意味着因法在外延范围上包含有法，有部分因法可以不是宗上有法，而所有宗有法一定有因法的性质，如图：

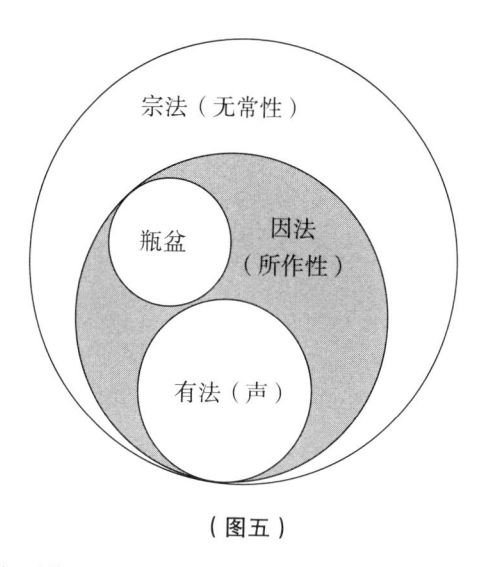

(图五)

如图五说明，因明论式是要借立敌共许的有法皆具有因法（即如"凡声都有所作性"之共许极成）去达到"凡声皆为无常性"的立论前尚不共许判断。因法同宗法的关系留待后面讨论，这里先审察因与宗上有法的关系。如图五所示，因法范围大于且完全包含有法，才能保证"声"必是"所作"，这样在因法范围内和有法范围外才有空隙，如图五上的"瓶盆"等，"瓶盆"是归纳材料，至少是譬喻的材料，它们与有法"声"有极多类同之处，只要"瓶盆"也具因法并自身周延，而它们与宗法之间的被包含关系是得到共许的，那么"声"之有法与"无常"宗法的关系便相应得以成立。

这里所要强调的是：因法范围必须大于有法，绝不能相等，只有大于，才会在缝隙（图五之阴影部分）中留下可同"声"之有法地位相类的事物，以充譬喻及归纳材料。

这里的"遍是宗法性"之"遍"是"能遍"之"遍"，即因法之性质充满了宗上有法，还有富余。相应地，宗上有法为"所遍"。因此，因法对于宗上有法之外延大小比较，只能是大于而遍满，不可以是范围相等的遍满。只有如此，因支上未道出的小词（即本应说"声是所作性故"，但习惯上并不道出"声"，而只言"所作性故"）才是自身周延的。要知道，因明的宗（论题）实际略等于三段论的结论，是全称肯定判断。全称肯定判断中，主辞（此为宗上有法）是周延的。

依据三段论规则，前提中未周延的概念在结论中不得周延。那么在宗（结论）上已经周延的有法就应该在前提中周延。因明三支中，有法只可能在因支（相当于小前提）上周延。但有法在因支中并不明白道出，所以只有用因的第一相"遍是宗法性"来审察它，以落实因法的范围大于并包含有法，以保证有法是周延的。从而在宗支上它才可能是周延的。

因明学中将此总结为"宽因狭宗"，以保证因遍于宗上有法，若有不遍，便成似因。换言之，"宗宽因狭"（宗之外延范围大于因之范围）必然不能证成论题。试举例说明，如有人立量说"一切人不应怕水，会游泳故"，这里的"会游泳"因在"一切人"之宗有法上并未遍有，宗宽因狭，因为一切人中有会游泳的也有不会游泳的。此因便是似因，以无从满足第一相的缘故。

因法范围若不包含宗上有法，则有法概念不能周延。因明中的宗又没有特称判断，所以总成过失。再如，有立量"一切草木皆有心识，有眠觉故"，此处之"眠觉"因，明显地只是部分存有于草木上。草木中只有合欢树等几种夜晚卷起来似在睡眠，其余大部分并无"眠觉"。结果，"一切草木"与"眠觉"所保持的判断关系中，有法不能周延。本来说"有的草木有心识"未尝不可，但因明中无此说法，只能以全称判断立量，而"有眠觉"之因并未遍有于宗上有法，当然此因不成。

以上说狭因不能成宽宗。那么宗因之间若范围相等呢？前面已释若宗因间范围相等（即说宗因之间没有图五的阴影部分的空隙），则无法举出类似宗有法的事物，无法进行归纳总结，同样不能成宗。试举一例，分别以三段论和因明论式表述：

大前提：良知与超越者不可分，

小前提：人类才有良知，

结　论：人类才与超越者不可分。

宗：人类与超越者不可分离，

因：以有良知故。

在三段论式中，此推理过程正当合理自不待言。立此论式的人是想证明只有人类才可能有对超越者的关怀，才有宗教信仰。但就因明共比量形式而言，此论证实属有过。首先我们知道，唯人类才有良知，也唯有人类才会考虑与超越者的关系。但宗体一开始就是立许敌不许的命题，故成"违他顺自"，问题是从哪里找一个有良知并且是关心超越者的事物来做归纳材料呢？没有。就是说，因为只有人类有宗教关怀，故除人类而没有宗法同品，此宗法本来是不共许法，敌者本来不同意人必然有宗教关怀，与超越者不可分，当然不能以此作归纳材料来作证明，否则便是窃取论题作理由了。因明中称这一限制叫"除宗有法"，即宗同品不能有宗上有法代表之事物。此例中宗同品不能有"人"。

还可以从因的一面来看，刚才说了，图五中阴影部分不能没有，非有不可，这样才能保证因法在除宗上有法之外的范围内可以寻出类似有法的事物，这事物又具有因之法性。以图五说，便是"瓶盆"等。"瓶盆"既是宗同品又是因同品。若因法与有法外延范围相等，便没有了因同品的容身之处（此时图五上的阴影部分已没有了），从而无因同品，也就没有同喻依。宗同品与因同品既无从汇合，也就没有大前提之喻体。因此上述

"人类与超越者不可分离，以有良知故"是有过的似能立之比量。"有良知"之因与"人类"之宗有法外延范围相等，不容举出因同品的缘故。

最后，总说几句，"遍是宗法性"目的在于检查是否有狭因成宽宗的毛病。为避免采取论题作理由，因明有宗同品、因同品均"除宗有法"的要求，为此，等因成等宗也是有过失的。因此，"遍是宗法性"之"遍"只能意味着"因普遍充满于有法，并在范围上大于有法概念之外延"。

二、释第二相"同品定有性"

因第一相所研究者是理由（中词、因）与宗上有法（小词、前陈、所别）的外延包含关系，此第二相则转向对理由（能立法）与宗上所立法（大词、后陈、能别）的必然性联系。泛泛而谈，因法（中词）与宗之后陈（大词）都是宗法。如前所说，此两宗法也有差异，因法为立敌双方极成共许，宗之后陈为立许敌不许，为"不共许法"。

本论于前说到"此中宗者，谓极成有法，极成能别"，说能别（大词）必须立敌双方极成共许，才不是似宗，这里为什么又说能别（大词、所立法）是不共许法呢？其实，这仅仅因为着眼点不同而已。单独看能别（所立法）所示的概念本身，应该是立敌双方有所共识。

不能共许的则是"能别之性质完全为所别（有法）具有"，换言之，说极成能别，仅指概念极成；说不共许法，则指双方对宗体所作的命题判断不共许。

先释"同品定有性"之"同品"和"异品"。本论说"云何名为同品异品？谓所立法均等义品说名同品……异品者，谓于是处无其所立"。具体说，"同品"指与宗法（大词）相类的事物。"所立法"即是此处所说的宗法。"所立"是待所成立的意思，因为它尚未得到立敌双方的认可。

至于"均等义品"，《大疏》说"均谓其均，等谓相似，义谓义理，品为种类"。实际它指一切与宗上法性，亦即能别之法性相似的种类。一切具有类似法性的事物都可列入同一品类。如"声无常"之宗，"无常"便是所立法，一切无常之物，瓶罐盆等都可以视为同一种类，即是同品。

相对于"所立法"，便是能立法。前者是一方所执的主张，后者是所示的理由。

关于"所立法均等义品"，前辈吕秋逸先生指出：玄奘译《入论》时，曾简化了译文，梵本原来是"具有与所立法由共通性而相似的那种法的，才是同品"。由此看来，梵文本身说得是极明白的，一切同于所立法性质的事物，都是同品。

既说同品，连带说到了异品。《入论》表述也极清楚，"异品者，谓于是处无其所立"。但凡一事物，若没有宗上所欲成立的属性，便是异品。一切同品的负概念便是异品的全部。

《入论》于此举"虚空"为"无常"异品，"无常"之负概念为"非无常"。"虚空"在"非无常"的品类当中，故"虚空"成为异品的实例。"虚空"还不是平时理解的"空无所有"，而是印度胜论哲学中之一实体范畴。它的特征是：不假造作，恒常存在而无变化。

同品异品的分界线是明白的，从概念间关系看，它们是矛盾的关系。如说"红"为同品，则"非红"为异品，"红"与"非红"二者便构成了颜色的全体，没有任何遗漏。没有中间地带，也即没有既不是"红"，也不是"非红"的颜色。如果视"红"为同品，"绿"为异品，则两者仅为反对关系，因为两者之间尚留有青黄之类。同品与异品的关系不是反对关系而是矛盾关系。如说"无常"，则一切具无常性的东西均为同品，而一切具有"无常"之负概念，即"非无常"之属性的均为异品。

同异品的划分严格局限于宗法法性上，不涉及别的任何性质。即是说，同品之"同"不可过宽，不能追求所有属性相同。否则除有法自身外，别无一物可为同品。例如"声无常"为宗，只可以"无常性"为标准寻同品，若我们竟然去考虑"所闻性"、"无质碍"等方面，那么除了"声"便没有同品。任一事物均有多种属性，同品只能以宗法之属性为划分标准，否则便会出现许多离奇的错误。如《大疏》中举例驳斥某些诡辩家对佛教的质难：立"声是无常"为宗，以"瓶等"为"无常"之宗同品，有人提出，瓶等可烧可见，声则不可烧不可见，因而瓶等应是宗的异品而非同品。

另外，瓶有所作性，所以说异品之上有因性，从而因之第三相"异品遍无性"已被破坏。因而，"所作法"因无法证明"声是无常"之宗。其实，同品异品的划定标准是确定不移的，即"所立法均等义品说名同品"，离开这个"均等义"也就谈不上什么同品或异品了。

品，是指品类。其类别依靠意义，亦即"均等义"之"义"。同品所具有的共同点应集中在性质、性能，而不必拘泥于具体有形之事物。当然，性质不会孤立存在，总得依实物而有。因此，尽管从逻辑角度看，取舍同品主要考虑意义性质，但在实际搜寻同品的过程中，却离不开事物。同品虽指实有其义，但不可不借实有其体之事物而立。

说到这里，宗同品之作为"共许极成法"应该既有体且有义。有体是指有此事物，有义则有"所立法均等义"。对宗同品的共许便指立敌双方共同承认该"义"于该"体"之上普遍存有。因明术语称为"依转",即说某一性质意义在某一事物上依附且遍转。这里,事物和所领有之属性都应该是双方共许的。

说宗同品,理当涉及"除宗有法"。"除宗有法"指的是宗同品凡有举类,必不可以宗上有法为同类。如"声是无常"宗,只可以瓶盆等无常性事物为同品,唯独不能以"声"为同品。何以如此规定呢?前面已说过,宗体(如"声是无常"之命题含义)本来"违他顺自",敌证本不许"声"具"无常性"。现立宗人又以之作为宗同品,企图论证自己的主张,这是犯了采取论题为理由的错误。诚然,立宗人主张"声音"是"无常"的,不妨以"声音"为同品,但仅仅为"自许他不许"之宗同品。

但因明论式若未特别申明,一般都是共比量,此处的"声无常,所作性故,如瓶",显然是立量人提出希望说服敌证者的。既是共比量便应取共同品,故非"除宗有法"不可。

《大疏》在宗同品之外,又讲因同品。究竟要不要承认因同品的合法性,是因明研究中一争论颇大的题目。吕澂先生、熊十力先生等都不同意有"因同品"一说。吕先生还指出《大疏》中所以出现因之同品,全因窥基将《入论》的"同法者，若于是处显因同品决定有性"的句读断错了。从《入论》梵本看，吕先生从语法结构上提出证据当然没有错。我觉得窥基之设"因同品"，于判断同异法喻非常方便。另外既有与"所立法均等义"的宗同品，再有与"能立法均等义"的因同品也是合理的。我在释文中是采用了因同品的概念的。

"同品定有性"作为因之第二相，主要考察因同品在宗同品上的存有情况。依据九句因（九句因放到介绍理由〔因〕之后二相，即"同品定有"、"异品遍无"时讲。这里不得不先提一句）归纳，其第二句与第八句之因是正当的，这两种情况下，一是宗上法性包摄因性，即从外延范围看，因法是宗法的一部分，因同品的全部可以同宗同品的一部分汇合而成同喻；另一则是因之法性与宗上法性范围相当，所有因同品均可与宗同品汇合成喻。从而得出结论：只要有因同品是宗同品，无须所有宗同品都是因同品，便可以认为因之第二相已获满足。

事实上，依据九句因，可以注意到：有时虽有宗同品但不能满足因之第二相的。例如九句因中之第五句"声是常，所闻性故"，宗法"常"虽有同品"虚空"，但因法"所闻性"只能以有法"声"为所依转的主体。但宗同品中又不能有"声"，上面已说了"除宗有法"的必要性。宗同品不可有"声"，因同品又非"声"不依转，因同品与宗同品无从汇合。此"所闻性"因仍为似因。

宗同品勉强可以搜寻（如上一段中"恒常"之同品有"虚空"）仍可能因为无法汇合因同品，从而无法满足第二相，终成过失，若宗同品根本没有，自然更是过失了。考察缺无宗同品而无法达成"同品定有性"的过失有两种：一、宗上有法与宗法外延范围正相等同，一经除宗有法便无同品可举类，如"内声为咽喉所发，有意义故"，宗上"咽喉所发"性质除"内声"外，别无同品可依，故理由"有意义故"也无从同宗之同品汇合而成喻。二、宗上有法与宗法及能立因法三者外延相等，一经除宗有法，因同品宗同品均无从搜寻。如"人为灵长目中智商最高，有理性故"。"智商最高"者，除人类而别无同品；"有理性"者，除人类外，也无因同品。

"同品定有性"之"有"，可释为"具有、存有"。能有之主体是宗同品（大词所指一类），所有之客体是理由（中词、能立法之所指一类）。所以"同品定有性"应依据同法喻体的结构式，说成：因之法性于宗同品上决定有性，或者说：因同品于宗同品上决定有性。两种说法之任一都无非证明由于因法在宗法同品上有，故此同品具有宗法性质；进而再证明宗上有法也有此因性，从而顺势也就有宗上法性。

例如"声是无常,所作性故,如瓶"这一论式,由于"所作性"在瓶盆上有,满足"宗之同品定有因性",附带着"无常性"也到了瓶盆之上。瓶盆"无常",立敌共许。所以,当"所作性"也在"声"上时,"声"之"无常"应该是无可怀疑之事,如图六所示。

关于图六,可说以下几点:

(一)宗之同品说来有瓶盆,也有声音。但声音是待证的自许他不许的同品,故以虚线标出。

(二)宗之同品有许多,但只须有一部分具"所作性"因,另一部分可以没有。所以考察理由之正当与否的第二相才讲"定有",不讲"遍有",意思是说:宗同品中一点点具有因之法性都是可以的。因而,只要在宗有法"声"外,别寻一个宗同品具有因法性便算完成了证明。

(三)如何保证"声"完全为"所作"包摄,得靠第一相"遍是宗法性"。

(四)如何保证"所作性"完全为"无常"包摄,得靠第三相"异品遍无性"。

(五)"雷电"也是与"瓶盆"等并列而为宗同品的,但"雷电"之上没有"所作"因性。这说明至少有部分宗同品可能也允许没有因性,或者说不具因同品。这也是"同品定有性"之"定"所蕴含的意义。

[图中文字：宗法（无常）；瓶盆（是宗同品而有因性）；因法（所作）；电；声（亦有因性）]

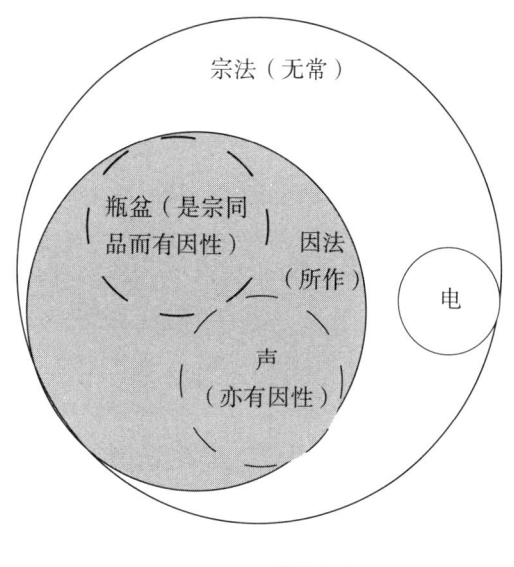

（图六）

（六）由图上可知，凡"所作性"一定有"无常性"，"所作"概念的外延范围小于"无常性"，故"所作"是周延的；只要"所作"与"声"之有法依据第一相确定关系，即"声"是周延的概念，那么就像"瓶盆"一样，"瓶盆"由"所作"而"无常"，"声"亦由"所作"而"无常"。

图六显示出宗同品之一部分领有因性和因同品是正当的。

三、释第三相"异品遍无性"

依据释"同品定有性"的同一方法，"异品遍无性"可释为：宗上所立法之异品完全地不具有因之能立法属性。第二相与第三相结合起来，是对能立因法与所立宗法不相离关系从正反两面进行的审察。这种不相离关系也是两概念的属种关系，也即是宗法完全包摄因法的关系，如图七。

所谓"异品遍无性"，是说一切与宗法相异者（如与"无常"相异之"非无常"品）都遍无因法（如遍无"所作性"）。本来，宗法是因法的属概念，因法完全地被包摄在宗法的外延范围内，因此，因法不可能与宗异品发生任何关系。

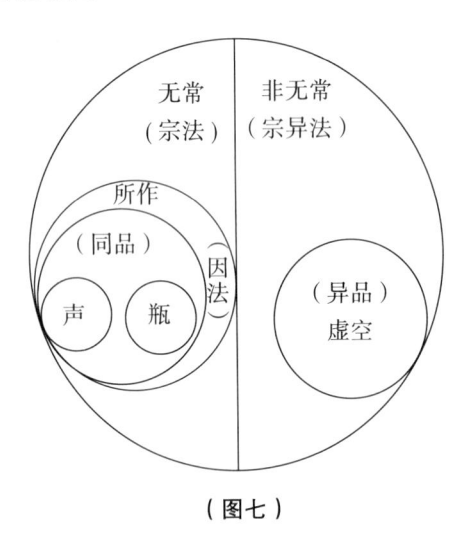

（图七）

从图七可见，"所作"性质完全落在"无常"之范围内，与宗法相异者（即"非无常"）完全没有关系。《正理门论》上说的"宗无因不有"便是对能立因法与所立宗法的反面陈述。玄奘大师门下的神泰说，对正当的因法来说，凡宗法不有之处必不会有因法，就像母牛不到之处，牛犊也不会到一样，如果没有"无常"宗法，如"虚空"这种东西，作为宗异品，它绝不会有"所作性"因法的（见《理门述记》支那内学院刊本）。

前释"同品定有性"时已经说明，因法之于宗同品，无须遍有，但有即可。但"同品定有"之第二相无法管到宗异品上有无因法。而宗异品若不能排除因法，理由仍然是虚假的似因。例如，若立此一量：

宗：狗应通人性，因：以有感官故，喻：如猫。如果仅从第二相考察，"有感官"之因在"通人性"之同品"猫"上是有，"同品定有性"得以完成。"狗应通人性"之宗似可成立。但若从反面来看，即检讨"异品遍无性"是否满足，即可发现"有感官"之因甚成问题，"豺狼"等是不通人性的，是宗异品，但它们不妨有感官。既然宗异品也有因之法性，那敌证一方完全可以就此因立一个破驳的量式（称"能违量"）：宗：狗应不通人性，因：以有感官故，喻：如豺狼。故窥基说，"异品止滥，必显遍无，方成止滥"（参《大疏》卷三）。所谓"止滥"，是防止因法泛滥，溢到它不应出现的地方去，即防止宗异品上也有能立因法。

历来研究因明的人都强调，第二相是顺成立宗，而第三相旨在止滥。"止滥"非强调异品遍无不可，只有证实所有宗异品都不具因的性质，才能防止因被滥用。其实，正当的因既然在外延上被宗法包摄，不会溢出到宗法范围外，那它就不会落在宗法异品的范围内。可以说任何宗法异品范围内的事物必定是因法异品。若不如此，该因必然是不定似因。

"同品定有性"旨在考察同品上是否多少有点因法，其第一要求是寻出宗同品来。若无宗同品，因法无所依附，"定有性"无由完成。那么，"异品便无性"是否也非得寻出宗异品来呢？寻出宗异品只是为了远离能立因法与所立宗法的联系。比如为了否认"非无常"的品类中有任何东西具有"所作性"，便以"虚空"为宗异品。

但如果真的无宗异品可寻，能立因法自然也不会同没有的宗异品发生关涉，从而"异品遍无性"至少在形式上是可以满足的。不过这里是因为全无异品而导致遍无因性，而不是有异品而其上无因。如有立量："声为所量，是常故"，此量中同品为"所量"之一切对象，其外延甚大，无所不包摄，连莫须有的镜花水月、兔角龟毛也可以为所量对象，结果异品范围只好为零，无从举类。

因此"所量"之宗法是没有宗异品的，形式上看"恒常"之因法不会与宗异品相关，故第三相仍得满足。这里因法有其他不定过失，但这是另一回事，此处可不讨论。当然缺无宗异品的情形是罕见的，除非宗法外延大到无所不包，否则总能寻出宗异品来。

结论是：宗同品不可缺无，宗异品则可以没有。缺无宗异品仍可满足因之第三相"异品遍无性"。

因之第二、三两相所考察的，是所立宗法与能立因法的属种关系，也可以说是因同品与宗同品的相互关系。这些关系不外六种：

（一）从宗同品角度看，因之法性对于宗法可以是：

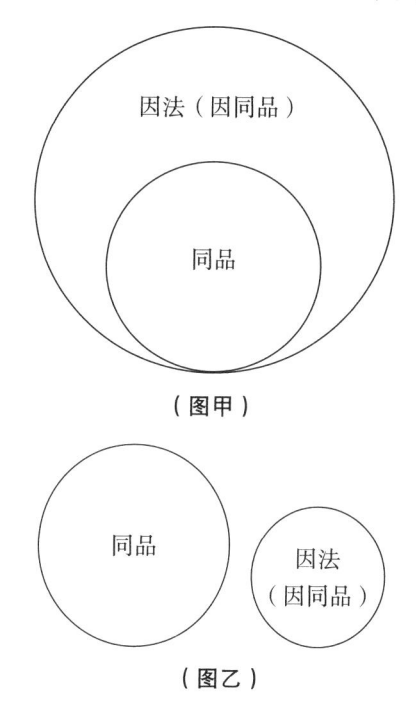

因法（因同品）

同品

（图甲）

同品

因法（因同品）

（图乙）

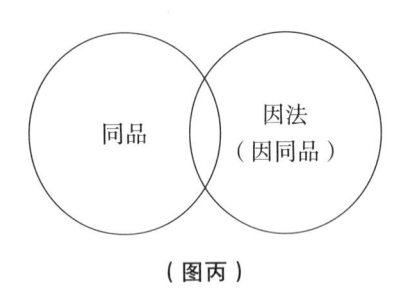

（图丙）

以上三种情况，可以分别表述为：

凡是宗同品，一定有能立因法之属性。（如图甲）

凡是宗同品，其上全无能立因法之属性。（如图乙）

凡是宗同品，其上只有部分有能立因法之属性。（如图丙）

（二）相应，因之法性对宗异品的关系也可以有三种：

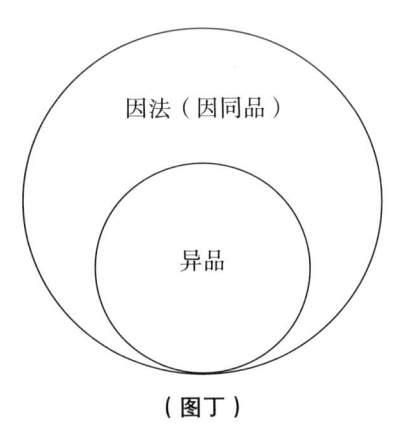

（图丁）

因法
（因同品）　　异品

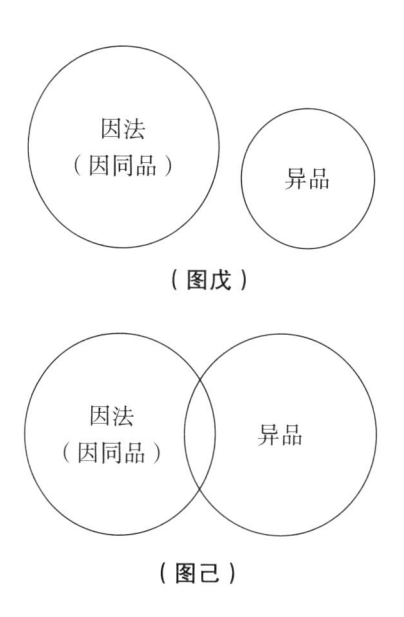

（图戊）

因法
（因同品）　　异品

（图己）

三者可以分别表述如下：

凡是宗异品，一定有能立因法。（如图丁）

凡是宗异品，其上全无能立因法。（如图戊）

凡是宗异品，其上只有部分有能立因法。（如图己）

将前面两大组结合起来，同时考察宗之同品异品与因法的关系，可以有九种情况（分别图示如次）：

（一）　　　　（二）　　　　（三）

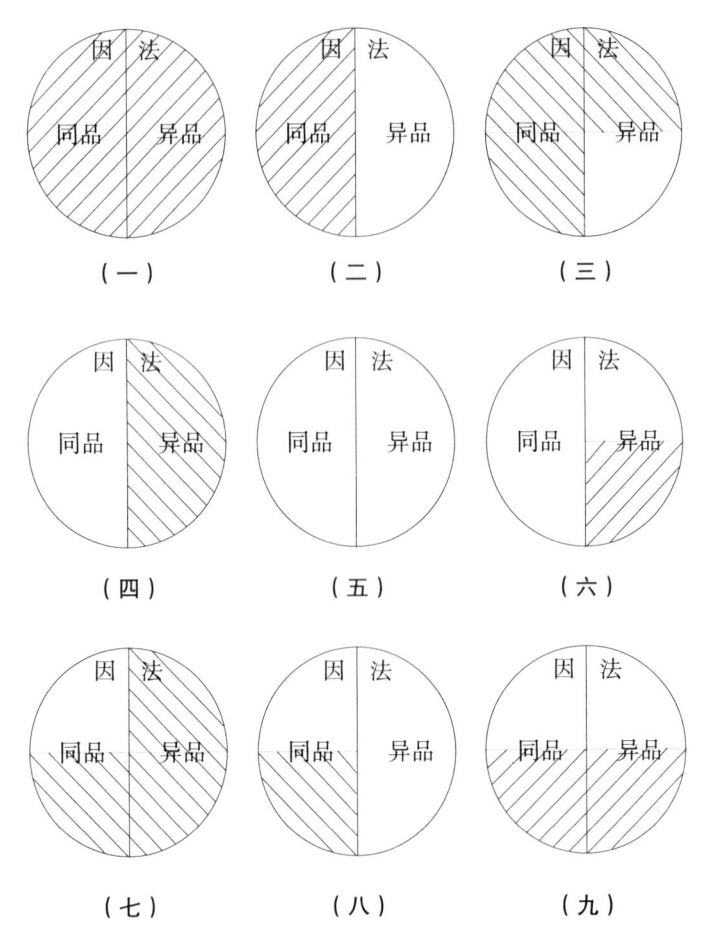

（四）　　　　（五）　　　　（六）

（七）　　　　（八）　　　　（九）

（一）宗同品宗异品都有能立因法的属性（简称"同有异有"）。

（二）宗同品有能立因法之属性，宗异品则无此属性（简称"同有异无"）。

（三）宗同品有能立因法之属性，宗异品仅部分有此属性（简称"同有异分"，"分"者，意谓部分有此属性）。

（四）宗同品全无能立因法之属性，而宗异品则全部有此属性（简称"同无异有"）。

（五）宗同品与宗异品都完全没有能立因法的属性（简称"同无异无"）。

（六）宗同品全然无能立因法之属性，宗异品之一部分却有此属性（简称"同无异分"）。

（七）宗同品之一部分有能立因法之属性，宗异品则全部有此属性（简称"同分异有"）。

（八）宗同品之部分有能立因法之属性，宗异品则完全没有此属性（简称"同分异无"）。

（九）宗同品之部分有能立因法的属性，宗异品之部分也有此属性（简称"同分异分"）。

考察宗同品与能立因法对望关系的上述九条称为九句因。九句因是古因明的重要内容。陈那大师曾依它列出因轮表，详尽地剖析了对正因或似因的判别标准。下面将按照九句因顺序分别举例，例句都取自《正理门论》，该论将九例句汇入两个颂，即"常无常勤勇，恒住坚牢性，非勤迁不变，由所量等九。所量作无常，作性闻勇发，无常勇无触，依常性等九"。

上面所引颂的前一半四句隐去了宗（论题）上的主

辞"声",而分别以常、无常、勤勇所发、恒常、常住、坚牢、非勤勇所发、迁流("无常"的另一说法)、不变("恒常"的另一说法)九者为谓辞(即宗法);后一半四句分别针对前面的九个论题(宗)出示理由,即所量、所作、无常、(所)作性、所闻性、勤勇所发、无常、勤勇所发、无质碍九者。试组织九句因之第一例句则为"声常,所量性故"。《入正理论》释九句因,仍沿用此九个例子。于此不再赘述。

归纳九句因,可以知道其中第二句和第八句是正当的。其所以正当,也就是因为能够满足"同品定有"、"异品遍无"。"定有"说明能立因法在宗同品上或完全有或部分有;"遍无"则完全从宗异品中排除了任何含有能立因法的可能。

顺便说一句,九句因未经申明的前提是因的第一相"遍是宗法性"。其第一相先已得到满足,然后才来考虑因与宗法的关系。

原典

喻有二种:一者同法,二者异法。同法者,若于是处显因同品决定有性。谓若所作,见彼无常,譬如瓶等。异法者,若于是处说所立无,因遍非有。谓若是常,见非所作,如虚空等。

此中常言表非无常,非所作言表无所作,如有非有说名非有。

译文

喻证有两种:一种是肯定性的喻证,另一种则是否定性的喻证。肯定性的喻证显示出(论题中谓辞上存有)理由(因法、中词)之同品的确定性联系。比如说到"所作性"就可以在上面看到"无常性",像瓶罐等便是。而否定性的喻证呢,如果某处显示出没有所欲成立的属性,则完全没有能成立理由的属性(这便是否定性喻证了)。比如说到任何恒常者,都不会是所造作者,"虚空"便是这样的例子。

这里说及"恒常",仅意味着"非无常";说及"非所作",则意味着"并非造作而生出"。如果说"非有",也仅仅是否定"有"而已。

解说

这一段是针对第三支即喻证部分作的说明,具体地辩明了同法喻和异法喻。此处"同法喻"、"异法喻"之

"法"可视为虚衍,"同法喻"就是"同喻","异法喻"亦即"异喻"。不过,依窥基的说法"宗之同品名为同品,宗相似故;因之同品名为同法,宗之法故"。(见《大疏》卷三)揣摩窥基意旨,是说肯定性的同喻之上是宗同品和能立因法的联系。同法者,同于宗因二法的意思。所以,"同品",指宗同品;"同法",指同于因之法性。这种说法也无不可,只是嫌麻烦了些。我们取"同法喻"为"同喻"。

喻证可以分为肯定性的与否定性的两种。《大疏》解释"喻":"喻者,譬也,况也,晓也。由此譬况,晓明所宗,故名为喻。"通俗地说,譬喻,是通过立敌双方有所共识的例证类推出去,使敌证一方了解或接受立论人的主张。

无着菩萨在《阿毗达摩集论》卷七说:"立喻者,谓以所见边与未所见边和合正说。"具体而言,在"声无常,所作性故,如瓶"的比量中,"声无常"是自许他不许的"宗",现在立宗人为加强说服力,以"瓶"为譬喻,瓶上有"所作性"因和"无常"属性,那么,"声"上已有共许之"所作性"因,理当也有"无常"属性。这"瓶"便是"所见边",而"声"则是"未所见边"。借助譬喻,宗因喻三方符顺,正当合理,也便达到了"和合正说"。

喻证含有喻体和喻依两部分。喻体是一般性原理，喻依则是体现此原理的实例。古因明中，没有原理性的喻体，仅有喻依，它即是喻体。比如，此处所举例的量式中，"瓶"即作为喻体。陈那大师改造因明后，才将喻依与喻体分开。

古因明的喻体是能立因与所立宗法结合的实例。窥基《大疏》（卷四）上说："古因明师因外有喻，如胜论云：声无常宗，所作性因，同喻如瓶，异喻如空。不举诸所作者皆无常等贯于二处，故因非喻。瓶为同喻体，空为异喻体。陈那以后说因三相即摄二喻，二喻即因，俱显宗故；所作性等贯于二处故。"依据陈那的观点，二喻也是因，所不同者，因支所申所明是因之第一相，而二喻则将对因之后二相的审察结果，以明确的语言形式显明出来。

喻体的陈述，明确地显示了所立宗法（大词）对能立因法（中词）的包含关系，也就是宗法为能遍充，因法为所遍充的包含关系或属种关系。

喻体是借喻依而立的法则，它正好相当于亚氏逻辑的大前提，是论证的逻辑基础。喻体反映了宗法与因法的必然性联系，因明家称此为"不相离性"，即因法一定被包含在宗法的外延范围内。

话虽如此说，因明中之喻体并不一定要明说出来，不像亚氏三段论，形式上若不列出大前提，当然也就引不出结论来。何以会有这种差异呢？因明重因，它从因的角度去看待与宗法（大词）和宗有法（小词）的关系，考察三者在外延上的包容关系，因只要可以贯通宗与喻便属合法正当。喻体所表达的普遍性原理是仗着因在宗法的同品之上有、异品之上无而归纳出来的。

只要因三相的原则在，只要后二相可以验证，总是可以引出喻体的原理来的。这点倒不似亚氏三段论，离开大前提，小前提与结论便无所依靠，成了无根的命题。唯其如此，因明论式在实际的应用当中，例如在西藏的寺庙教学实践中，是无须出示喻体的。当然，无须出示并不意味着根本列不出来，更不是说此逻辑原则不存在。

"肯定性的喻证"便是玄奘所译的"同法喻"，接下来是此"同法喻"的定义——"若于是处显因同品决定有性"。这个"因同品决定有性"，历来注释家有不同说法，争论点之一便是"因"与"同品"之间是断开读呢，还是直接读作"因同品"？究竟有没有"因同品"呢？我们觉得：既然所有同于宗中之法的可以列为一类，如说"声无常"，一切有所坏灭的瓶罐之属都归于"无常"同品，那么，从因法角度看，凡因"造作"而生的当然都是"所作"因法的同类了。"因同品"的说法应该是允许成立的。

玄奘译的"同法喻"之"同",应该指喻证本身既同于宗法(大词)又同于因法(中词)的属性。具体说,同法喻应如何表达它所联结的宗法(所立法)与因法(能立法)的外延关系呢?同法喻的喻体作为一般原则,应该以因法为主辞,宗法为谓辞。

因法在外延上小于宗法的范围。结合玄奘译之"同法者,若于是处显因同品决定有性",可以释为:肯定性的喻证是指这样的某处,其上因法明确无误地存有于宗同品的范围内;或者,亦可释为:肯定性喻证指如是的某处,其中因之同品明确无误地领有宗同品。

具体举例也就是《入论》所说的"谓若所作,见彼无常,譬如瓶等"。这也就是陈那大师在《正理门论》上讲的"说因宗所随"——在有因法的地方,就有宗法。在一切"所作"法存有处,必然有"无常"法性。

至于否定性的喻证,也即是玄奘译之"异法喻",其定义为"若于是处说所立无,因遍非有"。肯定性的喻证从正面考察因法与宗法的结合,否定性的喻证则从反面观察因法与宗法的否定性联系,亦即:如于某处不见所立法(宗法),例如不见"无常"法性,则必不见因法(能立法),例如必不会见"所作"因性。其所以从负面看待这两者的联系,正是为了检验因之第三个特征"异品遍无性",以落实宗异品中绝不含有因同品。

值得注意的是,同法喻陈述的是:凡有因法者,即可见宗法;而异法喻则倒过来说:凡无宗法者,即不见因法。《正理门论》上说"即:说因宗所随,宗无因不有。"为什么需要这两方面的表述?道理很明显:喻证有喻体与喻依的分别。我们说喻体所蕴含的是相当于亚氏逻辑大前提那样的一般原理,此原理表达为全称的肯定性命题。任何一个肯定性命题都可以转换为它的逆否命题。两个命题完全是等值的。它们是对同一内涵从正反两面所做的表达,因此:

$$A \to P = \bar{P} \to \bar{A}$$

逆否命题对于原来的全称肯定命题来说,完全是同义反复。但必须指出,这是针对亚氏形式逻辑而言的。在因明论式中,异法喻绝不只是可有可无的对于同法喻的否定性重复。其理由就在于:因明当中对三支比量的考察,牢牢地以因为出发点。

喻是为了帮助检验因法在宗同品上的分布情况,因法可能充满也可能部分地分布在宗同品上,但也有可能逾出宗同品,渗入宗异品中去。在没有大前提的情况下,只有分别从宗同品和宗异品上去看因法的存有状况,以证实因三相之后二相可以满足。就此而言,异法喻就不可能仅仅是单纯重复而负有检因的责任与功能。例如：

宗：人是智慧生物，

因：有情感故。

此量式中，若不考虑其他过失，仅通过同法喻看"有情感"之因法在宗同品"智慧生物"上有，这是满足"说因宗所随"一条的；但此"有情感"之因法也可能存有于宗异品"非智慧生物"如狗、猫等之上。猫、狗之属不是"智慧生物"，但却可以"有情感"，会有依恋主人等的表现。若非借异法喻来检验，如何会晓得此量中的因有此欠缺呢？

再以陈那九句因之第三句举例看，可以清楚地了解异法喻之"宗无因不有"的特性旨在防止因法泛滥到宗异品上去。如果宗异品上被发现也有因法，当然此因有毛病，因为它过于宽泛了。连带着论式本身也就是有纰漏的，站立不住的。

宗：声音是凭意志发动的，

因：因为它是非永恒的，

喻：如像瓶罐之类；也如像虚空和闪电等。

就同法喻言，瓶罐之上当然有因法"非永恒"性，同时也有"凭意志所发动"的属性，瓶罐是人有意识地制作出来的。再就异法喻言，"虚空"作为一大范畴，无始以来就存在着，当然不会无常，它也不会是凭什么人的意志发动而成。但"闪电"这一类呢，虽然它并非凭意志所能发动，但毕竟转瞬即逝。就是说，异法喻依于"闪电"之上，虽无宗法"意志所发动"，但却没有相应地缺无"非永恒"性，因此不符合"宗无因不有"这一要求。如果仅凭同法喻依于"虚空"，虽也可显示"非永恒"及"意志所发动"两属性的"不相离"，但并不能防止"闪电"混进来。

同法喻应有因同品与宗同品的不相分离，异法喻应有宗异品与因异品的不相分离，也就是应保证宗异品与因同品完全分离。"闪电"之上虽然见宗异品，即并非"意志所发动"，但却有因同品，即有"非恒常性"，既然异法喻未排斥因同品，便未完成"遮离"的使命。可见"非恒常"之因证成此论式是不力的，不合格的，因而是似是而非的。因明中称此为"似因"。这"似因"之"似"便是借异法喻检查得出的。

异喻体之所以如此重要、不可或缺，与因明三支自身的逻辑性质是不可分的。印度逻辑（也包括佛家因明）具有强烈的经验性质，它在考察一个正当理由时，实际上进行着由归纳而得出一般原则然后进行演绎的思维程序。

前面我们说由"说因宗所随"之 $A \rightarrow P$，理当推出，$\bar{A} \rightarrow \bar{P}$，但此理路是纯亚里士多德风格的演绎逻辑。

西方的理性传统使分析性演绎性的逻辑置于极尊贵的地位。用十几条公理就可以推演出全部几何学的体系。

因明的思维过程中始终坚持着"一步一回头"的原则，因而每一比量式都经历着将推理的理由——放到宗有法、宗同品及宗异品中——检验的思维过程。在因明家眼中，直接从第二相推出第三相是不可靠的也是无意义的。为了归纳的必要性，非对宗异品与因法（理由）的外延关系做实际考察不可。

对玄奘译之"此中常言，表非无常，非所作言，表无所作"得多讲几句。这里涉及了因明家对待概念本性的基本态度。依据他们对名词概念的规定，肯定性名词包含了肯定性与否定性的内涵意义。他们称此功能为表诠和遮诠。如以"水牛"为例，这个名词既有显示"水牛"的意义，也有显示"非非水牛"（即"并非不是水牛"）的意义。这叫"既表且遮"。但如果有"非水牛"这一名词，则仅仅指明不是水牛而已。这称为"遮而不表"。

"遮"，意味着"并不是什么"；"表"则意味着"并非不是什么"。即是说，肯定性名词是遮诠而兼表诠，既从反面也从正面同时显示内涵；否定性名词则只从反面揭示内涵。无论是肯定性还是否定性的名词，其遮诠的功能是基本的、主要的。以此为例，玄奘所译的

"常"，主要蕴含着"并非无常"的意义，而"非所作"仅说明不是造作而成的意思。为什么会这样古怪呢？这得联系到印度哲学的背景上去看。读者于此若无兴趣，可跳过本段文字往下看，并不妨碍对本论下文的理解。

印度哲学对于认识论问题历来有浓厚的兴趣。错觉是它关注的主要问题之一。通常所举的错觉例子是将月光下沙滩上的贝壳看成白银。胜论派和正理派这些唯实论者——他们都主张贝壳和白银俱为实在且真实——错乱之所以产生，是语言上的。而绝对唯理论者吠檀多派和佛教中观派呢？他们以相对主义来看待这种错觉，认为：一切知识说到底都是错乱的迷误的，本质上与上面说的误执贝壳为白银并无区别。当然这两派哲学也还有他们各自坚持的最后阵地。

吠檀多派仅承认梵（Brahma）为最终绝对真实，中观派也以如来法身为绝对真实。在这两派的眼中，一切知识（当然指的是世俗的世间的知识）活动都是相对的错乱的。佛家因明家可以算作介于胜论、正理派与吠檀多、中观派之间的一家。他们对于认识错乱和知识相对性提出的解释理论是"差别忽视说"。他们认为，之所以会产生将贝壳当作白银的事，原因正在于认知者并未充分分辨出两者的差异。由于忽视了两者的不同处，所以将一物当成另一物，以致生出了错乱。

因明家们觉得，这说起来是错乱的认识活动当中，认识者并未见到差异，又将同一性强加到两个不同的东西（白银与贝壳）之上。绝然不同的东西因这种人为的相似性而同一化了。依据同样的认识理路，一切概念都产生于对差别的忽视。因明家们的本体论哲学属于瑜伽行经量部。

在他们眼中，世间诸法是刹那生灭的，念念生灭，前灭后生，因此诸法自相是不可名状的。语言名词对于诸法的界定是不称职的，因而是错乱的。那么何以会有名相概念呢？这又是因为认识者出于先天的迷乱，无视任一事物在各刹那间的不同变化，强加给该事物以同一性，再用名相概念来束缚它，规定它，指称它便是某物某物。

南北朝时的义学僧人僧肇曾著有《物不迁论》，其中的主要论点在否定世间万物有流动变化的可能。初看上去，此为奇诡之说，若物不迁，与"诸行无常，诸法无我"不是自相抵牾吗？但它是从另一视角来看待作为最终的真实者"自相"而引出的哲学思考。从逻辑上看，物不迁流是可以成立的。

僧肇的理由是"诸法本无所从来，去亦无所至"，为什么呢？诸法各住自相，即生即灭。所谓"物不迁"，实在是无物可迁。因为，此一刹那之物已不是上一刹那之物，也不会是下一刹那之物。因此有这么一个故事：有一名梵志离家求道多年，待回到故乡时已垂垂老矣。乡里人问他："你不就是当年的某某吗？"这位梵志说："我像那个某某，但又不是那个某某。"的确，每一刹那我们都在变化，都可以说原来的我们已经消灭，而有一个新的我们出现。更何况这位梵志的离家和归来，中间隔了这么多年。这个故事是刹那生灭学说的最生动说明。

即是说，世间只有——自相，哪怕是上一刹那之张三已不会是下一刹那的张三。但我们仍然顽固地以一不变的名称去限定"那同一个张三"。既然名曰"张三"，这张三实际上又并不是真实地存有于世的，"张三"就仅仅是名词，是共相而已。共相是忽略了——刹那间各不相同的自相而得出的。在对照意义上，自相便是真，而共相为假。作为名言概念的共相从一开始便是否定了自相间的差别而产生的。名言概念因此便是否定性的。名言概念本质上也是借否定才成立的。

牛与马靠否定了奇蹄偶蹄的差别而称动物；男人与女人靠否定了性别的差别而共称为人；人之概念最终靠否定其非人的差异而集合出"人"之概念名相来。这种关于名词本质的理论就叫作"遮诠论（Apohavāda）"。

印度哲学中，陈那大师在《集量论》中第一次提出遮诠的名词论。以后的法称、宝称都有成立遮诠的论著。

综上所述，《入论》的"此中常言，表非无常，非所作言，表无所作，如有非有，说名非有"，实际上是对名词的否定性本质给予说明。为什么要在这里加以说明呢？这里正在讲异法喻（否定性的喻证），异法喻体的特征是对宗异品和因异品的不相离性加以考察。它既要否定宗法（所立法），又要否定因法（能立法），此否定范围究竟有多大呢？《入论》作者不能不对因明中名词概念的否定性质作一说明。

原典

已说宗等如是多言，开悟他时说名能立。如说声无常者，是立宗言。所作性故者，是宗法言。若是所作，见彼无常，如瓶等者，是随同品言。若是其常，见非所作，如虚空者，是远离言。唯此三分，说名能立。

译文

已经说及的论题（理由、喻证）等名言，具有启发他人了悟的作用，所以称作"能（成）立"。比如，要成立论式，得说"声音是无常的"的论题，（这"声音"与"无常"）便是成立论题的名言概念。（而作为理由提出的）"所作性的缘故"是论题主辞所领有的属性。"一切具所作性者都是无常的，比如瓶、罐等"，就言辞说，（是论题中谓辞所显示的同品）追随理由（所指属性之）同品（而形成的一般法则）。"一切恒常的都可见不是造作而生的，比如虚空等"，就言辞说，它否定了（论题上谓辞属性的异品与理由所显示的属性的同品有任何）联系。可以称为能立（之语言形式）的也就是（论题、理由和喻证）这三部分了。

解说

这一段文字解释了什么叫"能成立"。"能成立"简称"能立"。此处之"能立"是广义上的，指建立一种主张、一个论题的全部语言形式，而不是狭义的可以证明某一论题的理由。这后一种"能立"指能立因法。

此处的"能立"应该包括宗因喻三者。宗因喻三者所成的论式，前面已经说过即是以往所说的三支作法。但真能立是三支，似能立也是三支。真比量似比量都是三支。此处当然指真能立，否则它起不到"开悟他人"的作用。

《入论》在一开头以二悟（自悟悟他）和八义（四真四似）"总摄诸论要义"，即对整个因明学的核心理论加以概括之后，接下来便专门就"能立"加以解说："宗等多言，说明能立，由宗因喻多言，开示诸有问者未了义故。"此处是对同一意义回头再作总结，强调宗因喻在论议、论争和证明中的核心功能。"宗等如是多言"指构成宗（命题）、因（理由）、喻（喻证）的文字或言辞。"等"表示在宗支之后尚有因与喻两项未明白列出。"开悟他人"是宗因喻三者共同努力要达到的基本目标。只有能开悟他人，成立正见，破除邪见的议论，才堪称"能立"。

提出一个主张，并能充分加以证明，使敌者信服接受，当然是真能立。对敌者的邪见加以破斥，显示其邪谬而无从站立称为真能破。真能破当中便蕴含着真能立。能破与能立都离不开三支的语言形式。"如说声无常，是立宗言。"这是举宗之例。

成立宗支，可借"声"、"无常"这两个名言。以此类推，便有了"宗法言"、"随同品言"、"远离言"等。这些名称指明了因喻各支在成立论题时各自发生的作用和所居的地位。因（理由）之称为"宗法"是指它作为宗有法（论题主辞）之"法"。因明中称为共许宗法，谓立敌两方应对宗有法领有理由这一点不致产生任何疑问。

论题上还另有一个"宗法",便是论题的谓辞,如说"声无常"这一论题,"无常"便是宗法,此宗法是立论一方许可而敌证人不许的,故又称不共许宗法。这里的"宗法言"指理由,亦即因,它是共许的。立敌双方应该都同意"声是所作而产生的"。从外延关系上看,"所作"完全包含了"声"。因明术语中,称为"回转",即"声"在外延上是周延的,凡声莫不是所作的。印度逻辑中,称为"遍充",谓"所作"是"能遍充",而"声"为"所遍充"。"所作"宗法与"声"之有法的外延关系如图所示:

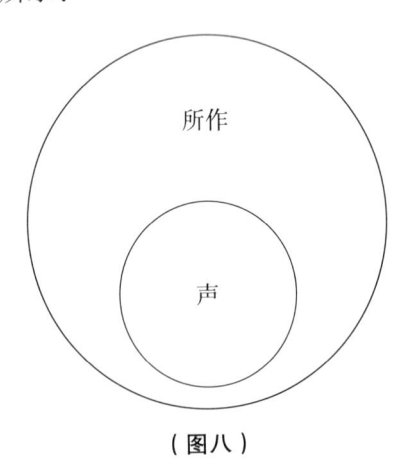

(图八)

"随同品言"指出了同法喻(肯定性喻证)的逻辑功能。它始终表示了宗同品(所立法)追随因同品(能立法）的不相分离的关系。从外延关系上看，所立法是所遍充，能立法是能遍充，即能立因法依转于所立宗法。以此处所举例说，"无常"之宗法应周遍地含容"所作"因法，以保证凡"所作"莫不具"无常"性质。"随同品言"之"随"暗含了"说因宗所随"的意义。

至于"远离言"显示异法喻的"止滥"功能。它保证因法同品不至于溢出到宗异品上去。所谓"远离"是指宗异品与因同品分离，也就是"宗无因不有"之意。任何"非无常"的东西，一定不会是具"所作"性质的东西。

"唯此三分，说名能立。""三分"指宗因喻三者。"唯此"之"唯"则批判了旧因明的五支作法。陈那大师以降，因明论式被认为有三支即算圆足。此"唯"字肯定了只有三支比量才具有殊胜义。

第二章　似能立门

原典

虽乐成立，由与现量等相违故，名似立宗，谓现量相违、比量相违、自教相违、世间相违、自语相违，能别不极成、所别不极成、俱不极成、相符极成。

译文

论题虽然是立论人自己乐于成立的,但它可能同感觉知识等发生冲突,(这样的论题)就称作谬误的论题。(谬误论题包括:)与感觉知识冲突的、与推理知识冲突的、与立论人自己所信奉的教理相冲突的、与世俗公认的常识冲突的、语言自相矛盾的、(立论与敌证)双方对论题谓辞概念没有共识的、对论题主辞概念没有共识的、对论题之主谓辞概念均无共识的、论题是(立论与敌证)双方均赞同而无须争议的。

解说

既然前面已经讲了能立,接下来便该讲似能立了。似能立中的"似"意谓:有谬误,有过失,有漏洞。因此是似是而非的"似"。既然能成立论议主张的语言形式是三支,那么宗因喻三支都可能出现谬误而站立不住。

《入论》从此分别就三支过失一一陈列。称为"似能立"的过失有三十三种,其中有九种发生在论题上,称宗过九种;发生在理由上的因过有十四种;而在喻证方面的喻过则有十种。

先说宗过。宗过九种，只有自语相违，即立论人成立论题的语辞自相矛盾这一谬误是逻辑错误，其他八种虽然有过失，根子并不在逻辑论证和推理的过程中。事实上，印度哲学中，只有佛教才强调在宗（论题）上分辨出过失来。这正好说明佛家因明并非纯粹的可以转换为西方亚里士多德逻辑的东方形式。佛家逻辑是认识论逻辑，除了通常的推理论证，它还要从根本上考察知识的起源和判别标准。从此意义上说，佛家因明就不是纯形式逻辑的。

佛家的学问不是章句之学，唯论辩是骛之学。即使是因明这样的世间学问，其根本目标也在引发别人的正智，使其足以安身立命。立正破邪是因明的基本宗旨。这里的"正"与"邪"并不仅仅是言辞和逻辑上的，也包括了认识论根源上的、生命态度上的。故此，因明才开出了宗支上的过失。

以"现量相违"为例，凡与感觉知识矛盾的论题才一开口便成谬误，根本无须进一步别寻瑕疵。读者可能会问，那么感觉就是唯一的衡量知识真伪的标准吗？在佛教因明家看来，感性与理性同样是知识的源泉，感性给我们提供对世界的直接了解，其可靠性在于不假思索，不经任何语辞的解释，它是赤裸裸的切身的体验认知，是他人无法代为接受，也无法转达的。对于感性知识源泉，佛家也并未盲目地毫无分别毫无批判地抬高。

从陈那菩萨到后来的法称，都对谬误的感觉知识，即似现量进行了考察。对感觉知识可能犯的错误剖析批判，本身就是理性的。因此佛家，尤其是陈那大师以来的因明家始终坚持了感性与理性是唯一可靠的两种知识途径及知识标准。

九种宗过中，我们可以看到佛家对世间学问、世俗见解以至对自己所信奉的教理的兼顾。佛家学问的出发点不是唯科学主义的，不是自以为是的。它对我们所了解和掌握的范围之外的知识途径，保持了极现实的态度。在涉及超越性境界时，应该允许有别的知识途径。今天，唯科学主义的缺陷，可以说是世所共知的，人们几乎公认它并不能完全说明认识论的许多基本事实，更不能解决社会中的价值观问题。

现代西方的逻辑实证主义、语言哲学放弃了形而上学，只在可由经验处理的范围内打圈子，对于人生价值和生命意义失去了传统的关心，哲学变得贫乏了。它的毛病在于忘记了自己所服务和研究的对象首先是有心灵和情感的人。

佛教因明家即使在讲求世间学问时，在讲因明这样的"逻辑科学"时也没有忘记，此中尚有更高的标准，尚有应该容忍的非逻辑性知识。所以他们保留了宗教信仰的地位，保留了对真理相对性的默认。前者是真生命的所在，若非如此，便离了性命的根；后者是宽容的依据，由这种态度，理当承认世间知识的合理性。

关于似宗九过，还可以补充一点。依据陈那的主张，论题方面的过失可能有六种：现量相违、比量相违、世间相违、自语相违、自教相违、宗因相违。但他的弟子——《入论》的著者商羯罗主——认为宗因相违无非是因不成宗，理由不能证成论题，因此毛病应该在因这方面。他便将宗因相违一过删去。不过他另外添上了能别不极成、所别不极成、俱不极成和相符极成四种宗过。

原典

此中现量相违者，如说声非所闻。

译文

这当中与感觉知识冲突的（谬误论题），比如说："声音并非耳闻的。"

解说

所谓"现量相违",指的是任一论题(宗)与感官所获的知识冲突矛盾。前面已说过,佛家非常重视称为现量的感觉知识。当现量与比量(推理知识)冲突时,宁以现量为准。声音是耳所闻,这属于不容置疑的经验知识,但居然有立宗为"声非所闻",这便与事实相违。这样的宗就有过失。

因明家讲现量相违,还有进一步的分别。就是说,要探求这"相违"的程度与范围。"相违"有部分的或全部的,称"一分相违"与"全分相违";也有与立者一方或与敌证一方的相违,称"自相违"或"他相违";也还有同立论和敌者都相违的,称"俱相违"。

如聋人对耳聪的人提出论题,说"声非所闻",这是违他人的现量而符顺自己的感觉的;反过来,若耳聪的人对聋人立此量,则是违自不违他了。又如果说,有聋人对耳聪者立宗说"声音与颜色都不是耳朵和眼睛感受的",声音是聋人听不见的,这一点可说并不相违。但颜色是眼所见则不容怀疑,故此宗犯自一分现量相违;联系到敌证一方是眼明耳聪的人,此宗便有自一分他全分现量相违的过失。设若立敌双方都是眼明耳聪的人,却偏要立此论题,则宗犯"违共现量"。

窥基在《因明大疏》卷四中对现量相违列出全分一分各四句共八种情况，今删掉不合理的例句，尚有以下几种：

如胜论师对大乘佛教立量说："同异、大有非五根得。"胜论是主张"六句义"论的，即认为大有、实、德、业、同异、和合等六大范畴是实有的，可以由感官所获知。佛教方面于此绝不认同。现胜论师自己说五根（感官）不能获知六句义，当然违背自宗主张的现量知识，这叫"违自现非他"。这同一论题，若是佛家对胜论提出，称"违他现非自"，但"立宗本欲违害他故"，所以后一种"违他现非自"并不是过失。

本论中所举的例句"声非所闻"是违共现，立敌双方的感觉知识都同此论题是冲突的。违共现当然是一种过失。

一分现量相违的情况中"违自一分现非他"和"俱违一分现"属于有过。例如，胜论立宗说："一切四大非眼根境。"由地水火风四大中的"三粗"，即四大所成的地水火显然是眼睛的对象，故此论题部分地与现量冲突，称"违自一分"。

又如胜论对佛弟子立"色香味皆非眼见"。色为眼所见，立敌共知，香与味并非眼所见，属于事实。所以此论题有"违共一分"的过失。

原典

比量相违者，如说瓶等是常。

译文

与推理知识冲突的（论题），比如说："瓶罐等是永恒存在的。"

解说

由因明家对此宗过的设置，也可以看出其对理性知识的重视。瓶罐这一类东西实在不好用感性知识（现量）来了解它们可否永远存在。对单个的认识者而言，人生难过百岁，瓶罐的寿命远可超出此时限，如何得知瓶等无常呢？现量对这点是无能为力的。一种经验一经转述记载，在佛家看来便已成了比量。准确地说，借助语辞概念传达的都是比量知识。真正的现量是"如哑受义"，像哑巴一样只能知道而不能转述。依据佛家划分现比的标准，现量哪怕在哑巴的内心，也不该借名言概念来规定。

既然现量不能判断瓶罐等是否永远存在，只有凭比量，凭间接的别人的前人的经验来了解。别人的经验再加上理性的推测，可以知道瓶罐上并没有永恒性。这样的理性知识仍然是可靠的。与理性知识相冲突的应该视为错误。立宗时犯这样的错误当然不许可。

与理性的推理的知识发生矛盾的所谓"比量相违"，也有程度与范围的问题，相应地也有违自违他或全分一分的区别问题。依《大疏》所列举的几种比量相违例显示于此：

如胜论师对佛弟子立宗说："和合句义非实有体。"这同他应当遵守的自宗学说"六句义论"是冲突的，而佛家本来不许此说，故此论题对于胜论师来说，有"违自比非他"的过失。

本论中所举的"瓶等是常"一句则是与立敌双方的比量知识相矛盾的，因而称"违共比"。

窥基还另外列有四种，此处从略。

原典

自教相违者，如胜论师立声为常。

译文

与立论人自己所信奉的教理相冲突的（论题），比如胜论师提出的"声音是永恒存在的"。

解说

"自教相违"，又称"自宗相违"，意谓立宗之主张与立宗人信奉的教义学说相冲突。因明是"立正破邪"的法则，主要实行于"宾主对扬"之际，实际论辩中，立宗人是在论证或捍卫自己的主张，并寻找敌证一方的破绽。如果他的论题竟然是违背自宗教义或学说的，那他就授人以柄了。结果别人会问，究竟是立论主张的道理邪谬呢？还是立论一方缺乏理论的严肃性，从而随意陈说，投机取巧呢？两种情况都使立宗人陷于荒谬的不光彩的地位。

这里《入论》举的例子是设想有某一胜论派信徒提出一个违背本宗教理的论题——"声常"。相传胜论创宗人鸺鹠提出了"六句义论"。"句义"即"范畴"。"六句义论"旨在解释世间最终的存在类别。一切存在可以分为六大类：实（实体）、德（属性）、业（运动）、有（存在）、同异（普遍与特殊）、和合（内在的结合）。在胜论学说中，"声"为"实"句义下的"虚空"的属性。

胜论师认为"虚空"具有数、量、别性、合、离与声这六德。声是有坏灭的，不应有"常"性。若胜论派中人来说"声常"，即声音一经发动便永存下去，便犯了违自宗学说的过失。

历来批评佛家因明的人说，以逻辑服从教义，说明了佛教是将宗教信仰置于知识标准之上的。这样，佛家的认识原则最终妨碍了知识和科学的进步，禁锢了人们的思想，最终也妨碍了宗教理论的发展，这种指责是站不住脚的。

首先，"自教相违"之列入似宗九过之一，并非只针对佛家言，并非只有佛教一方才须提防犯过。任何参与论辩的人都应该遵守思维同一律，不仅仅是立宗论证过程里的概念要守同一性规律，也还有思想原则思维方法上的同一性规律。在论争当中随便曲解自宗学说，破坏理论上的完整性和一致性的做法是绝不可取的。

其次，任何理论，包括宗教理论在内，尤其是佛家学说，都没有也不会故步自封。整个佛教史的发展演进说明了，佛教内部从未禁止理论的突破与发展。当然，突破与发展应该持之有故、言之成理，也要遵守逻辑的严整性和理论的前后一致性。

再次，佛教因明坚持只有两个可靠的知识来源，也就是感觉与推理两大认识活动。理论上讲，自宗学说当初创立时也是循这两条路子而来，即便有些启示性的真理，也可以归入现量所得。对于后来的师承该宗学说的人，除非有亲证，否则不应随便违背师教。

最后，前面已经说过，佛家因明并不是纯的形式逻辑理论，也不会在随顺世间讲求学问时放弃对形而上问题的关心。形而上问题往往联结到宗教的终极关切，它是不能以经验方式来证明的。正是为了保护基本的价值原则，佛教才会在因明的似宗当中，列出"自教相违"一过。

《大疏》中关于"自教相违"也多有分别，试录一二，请读者思考。

本论中之"声为常"系胜论师对声论师立宗。胜论学说不许声常，声论正好持有此见。故此宗成"违自教非他"宗过。

如上面例句系胜论对佛家立宗，则俱违两家学说，称"违共教"。

又如果经量部对说一切有部立"色处、色皆非实有"，则有"违共一分教"的过失，因为两家都应该承认色法为实有，两家又都许可"色处非实"，所以就色法这一部分而言，与两家学说冲突，故成过失。

原典

世间相违者，如说怀兔非月，有故。又如说人顶骨净，众生分故，犹如螺贝。

译文

与世俗公认的常识相冲突的（论题），比如说："月亮上没有兔子，是实有其体的缘故。"又如说："人的头顶骨是干净的，因为它是有生命体的一部分，譬如螺贝的壳那样。"

解说

先释"世间"。佛家所言"世间"意近我们今日所称的世俗界。此世俗界又分"学者世间"与"非学者世间"。就知识层次而言，"学者世间"较"非学者世间"略高。此例句中指非学者世间。

"怀兔非月"的故事可参见《大唐西域记》卷七。古代印度人认为月亮上的阴影是兔子。这是印度世俗社会都承认的。该故事源于印度一神话，相传古时森林中居住着狐兔猿三者。它们都一心向善，以仁义为怀。帝释天（天帝）想考验它们虔诚的程度，便化作一求乞的老者下凡。狐以所捕得的鱼、猿以所采得的水果施给天帝。但兔子没有什么可奉献，只好自焚其身向天帝供食。帝释天感动了，怜悯之余，将兔的遗体送入月亮。

《入论》举此例说明，如果世人皆以月亮上有兔子为正确见解，那么别立一宗反驳此俗见，不唯无意义而且有过失。

其次，《入论》另有一句世间相违的例子，它硬要成立"人的头顶骨是干净的"这一论题，因为它也是有生命体的一部分。世人皆以为死人的余骸不洁，今有人说死人的骨骸也是净洁的，如贝壳等一样。贝壳是有生命体骨殖的一部分，无人说它不洁，人头骨也是有生命体的一部分，理应是净洁的。《入论》在此想显示，问题并不在于是否有同异法喻，也不在于因之三相是否满足，而是说立论人提出了一个"不共世间所共有知"的宗。为什么要冒天下之大不韪呢？

佛家学说在随俗化导，在诱人入正法，并不是为了惊世骇俗或哗众取宠。作为论辩术的因明学旨在立正破邪，如果在无关紧要的见解上标新立异，无益于启人智慧，无益于自悟悟他。这种态度与佛陀看待神通和法术的立场是一致的：没有神通不能对极痴愚之辈起振聋发聩的作用，专务神通则失了根本，不知所归。学佛的人所追求者，无非"自净其意"，既不求神异本领，也不同世间判然对立。

因明学说中将"世间相违"列入似宗九过，无非想要杜绝奇言诡语，免掉与安心立命无关的争端。再说，知识见解的证悟既有现量与比量二者，只要人本来不属痴愚，总会日日上进的。世俗大众的水平不待一二学人的异说而提高，而是世代积累现比知识才能成就的。

另外，既已经在命题之前加上了"世间"的字样，已有顺随世俗大众的意思，也就是"姑妄言之，姑妄听之"的意思。真正创立新学说者，为胜义谛理论者，完全可以通过简别语提出不随世俗的主张，并不需要顾忌什么。

设"世间相违"宗过也反映出佛家的宽容精神。佛教无意于一夜之间革除一切鄙俗见解，使人人位登十地都得正等正觉。唯其并不急功近利，才能始终坚持和平主义态度，保持其仁厚博大的胸怀。

原典

自语相违者，如言我母是其石女。

译文

语言自相矛盾的（论题），比如说："我的亲生母亲是不会生育的女子。"

解说

"自语相违"属于悖论。悖论是指任一命题，从它可以引出一个相反的非命题。即是说，从命题P可以引出一个完全相反的非P命题。查其原因，表现在论题（宗）的主辞（前陈、有法）与谓辞（后陈、法）在内涵上是完全冲突的。

以"我母是其石女"为例，"我母"当然含有"生育过我"的含义，而"石女"则谓"不能生育"，两者刚好相反对。作为宗，其主体（有法）根本不可能领有属性（法），因而它违背了逻辑上要求的不矛盾律。

对于悖论的思考在印度哲学中出现得相当早。陈那菩萨针对悖论在《正理门论》中进行了逻辑批判。外道中有成立"一切言皆是虚妄"的。陈那质难说："若如汝说诸言皆妄，则汝所言称可实事，既非是妄，一分实故，便违有法一切之言。若汝所言自是虚妄，余言不妄，汝今妄说。非妄作妄，汝语自妄。他语不妄，便违宗法言皆是妄。"意思是说，如果说一切言称是假，那你这句论断本身是真是假？如果这句话真，则并非一切言称为假，至少你这句话不假吧。若你这句话也假，对于你声称的命题"一切言皆是妄"的后陈"皆是妄"便有矛盾，由于这句话假，对"皆是妄"正好相符，那反而使判断成真了。陈那认为，如果说话人的宣称本身为真，那它与命题的主辞"一切言"相矛盾；如果为假，那它与判断之谓辞"皆是虚妄"矛盾。总而言之，外道这里所说的"一切言论都是虚假"的声称，无论如何，都有不能自圆其说的毛病。

像这种自相矛盾的命题除了增加思想的混乱，又会有什么别的功能呢？因明的宗（论题）当然应避免这种似是而非的东西。

原典

能别不极成者，如佛弟子对数论师立声灭坏。

译文

双方对谓辞概念没有共识的（论题），比如佛弟子对数论师提出"声音是有灭坏的"。

解说

"能别"即此处宗中的谓辞,它相对于主辞而言。主辞是所别,被加以界说分别的意思。谓辞是能分别,它对主辞给予限定分别。

《入论》前边论宗时提出"此中宗者,谓极成有法,极成能别"。就宗而言,宗体(论题的整个命题含义)理当"违他顺自",绝不能共许极成,否则何必兴此论议呢?但如果分别考察这宗体上的前后所陈呢,作为主辞和谓辞概念,它们都应该是立敌共许的。如果立论或敌证一方对于主辞或谓辞可能持有不同看法,那就必须明说出来,含糊其辞在因明中是有过失的。这种申明应该借助简别语,即随立敌之任一方的主张而加上"自许"或"汝执"等字样。

总之,加上语言简别是为了防止论争的一方可能随意赋予宗上的先陈或后陈(又称所别与能别)以对方并不许可的概念内涵。简别是为了杜绝立敌双方因概念不清而节外生枝,别起争端。

加上简别语,比量式本身的性质便清楚了。前面说比量式有为自为他的区分,那是依目的说的。现在我们介绍的比量,依据其所成立的是哪一方的主张,从而分别为他比量、自比量及共比量三者。前说之为自比量有不借助语言概念的特点,现在说的他比、自比和共比都在为他比量中。

他比量所成立者是自己并不同意的他人的主张;自比量是自许而不强求他人接受的主张;共比量是最常见的论证式,成立共比量最终的企望是达到自他共许。

依据因明规定,若未寄以简别语的命题中之概念,理所当然地应该是立敌双方都在外延和内涵方面有所共识的。

"能别不极成"指宗上的后一部分宗依并未达成立敌双方的共许极成。以"声灭坏"之宗言,"声"为主辞、有法、前陈、所别;而"灭坏"则为谓辞、法、后陈、能别。佛弟子这一方面允许有"灭坏"的说法,但作为敌证者的数论师依其本宗学说,只承认世间有"转变"而不许灭坏。因此,双方对能别并未有一致意见。

这里应针对数论学说多讲几句。数论是古代印度哲学派别之一。梵名为 Sāmkhya,汉译为"僧佉",意为"抉择"。《成唯识论述记》说:"梵云僧佉,此翻为数,即智慧数。数度诸法,根本立名。从数起论,名为数论。"该派哲学的特点是尽列世间一切存在的基本范畴,便于人们熟记和研究。

数论派的最早期经典为《数论颂》。最早的该经汉译本为《金七十论》。一般认为数论仅承认有二十五个根本范畴，他们称"二十五谛"。二十五谛初分三大类，即分属于自性、神我及变易者。

自性，梵文为 Prakrti，可译为"原初物质"。原初物质可以转变出而不是新生出中间的二十三谛，并供给称作神我的我知者享用。神我是复数的，梵云 Purusa，它的存在是永恒的，无始无终，不待任何原因。《大疏》卷五说，二十五谛如依据其是否为根本为变易两点看，可以分为四种情况，"一本而非变易，谓自性，能成他故名本，非他成故非变易"。

自性是一切变易者的根本依据，它自身是不再依赖别的任何东西的。"二变易而非本，此有二义：一云十六谛，谓十一根及五大。二云十一种，除五大。"依赖自性的变易者或者只有十一根，或者是十一根加上五大。十一根指眼、耳、鼻、舌、身五种感觉器官和手、足、舌、生殖器等五种运动器官，前称五知根，后称五作业根，加上心的知觉功能称十一根。五大指作为认识对象的色、声、香、味、触。

"三亦本亦变易，亦有二义：一云七谛，谓大我执五唯量；二云十二种，前七加五大，能成他故名本，为他成故名变易。"既能成为神我的享用对象又从别的东西变易而来的有十二范畴，或者有不包括五大的七种范畴。所谓七种变而为本的范畴，指从自性变易而来的统觉（大）、自我意识（我执）以及成就五大的五唯量。

原初物质如何变易呢？据说依据"三德"的搭配和相互作用而变化。但这种变化并不影响自性原初物质作为实体的恒常存在。"德"，梵云 guna。三德意谓三种"构成要素"或"属性"。

神我是一切变易的享用者，也称我知者，因为认知也是一种享用。"四非本非变易，谓神我。不能成他，非他成故。"自性是变易的依据，它自身是不变的。

所变易出来的有二十三谛，亦即大、我执、十一根及五唯五大。二十三谛都是自性变易而来，由于这种转变，它们便是无常的。不过这种"无常"，并非佛家的生灭无常，而是转变无常。数论的"无常"并不意谓其"消灭"，而是说必将"转变"。"声"在数论二十三谛中，位居五大（五感觉对象）之第二。

数论与佛家皆共许"声"之存在，关键是数论师不允许佛弟子的"声"上有"灭坏"义的看法。如说声有灭坏，双方在论题谓辞上便不共许。此宗若为佛弟子立，则有能别宗依不极成过失，《大疏》称此为"他能别不成非自"。

这里的不极成过，是就共比量而言的。即此比量最终是希望达成立敌双方都能信服接受的论证。如果佛弟子为显示自宗观点并不特别强求敌证一方附和，也可以采用简别手法，声明此"灭坏"义是自许的，如说"自许声灭坏"、"我许声灭坏"等。那么此论式完全正当，不犯似宗过。但它仅仅为自比量。

依据此理，"能别不极成"在《大疏》中分为全分和一分的各三句，分录于下，供读者参考。"能别不极成"以下的诸似宗过失大体也可以依自他双方及全分一分分列多种。道理相当，无须赘述，我们仅择其重要者加以说明。

如数论师对佛弟子立量："色声等五，藏识变现。"有法"色声等五"两家可以共许，但"藏识"能别，为数论体系绝不相容，故此有"自能别不成非他"过。

如数论师对佛弟子立"色等五，德句所收"。"德"句义是胜论的范畴，数论佛家均不许可，此宗有"俱能别不成"过。

又说一切有部对大乘立量"所造色，大种藏识二法所生"。说一切有部只同意所造色为大种合成，绝不许藏识的观念。故此宗有"自一分能别不成非他"过。

又如佛弟子对数论师立"耳等根灭坏有易"。数论师本宗学说只许有"变易"而不许"灭坏"，故成"他一分能别不成非自"过。

又胜论师对佛弟子立"色等五，皆从同类及自性生"。同类所生是两家可以接受的,自性所生则是数论学说,故此宗有"俱一分能别不成"过。

原典

所别不极成者,如数论师对佛弟子说我是思。

译文

对主辞概念没有共识的(论题),比如数论师对佛弟子立论说:"神我是思受者。"

解说

前例中已解释,神我与自性俱是永恒存在的。自性使中间二十三谛变易,而神我则享用此二十三谛。玄奘所译的"说我是思"的"思"指思量、思考、认识。思量认识也是一种受用。

就"我是思"的论题言,"思"指思量受用,这是数论及佛教都可以接受的。但作为主辞的"神我"绝不为佛家认可。佛教之成立,标示其特点的"三法印"之第一即"无我",故而此宗有"所别不成"过。

依窥基的看法，《大疏》中对"所别不极成"作了范围程度上的进一步划分，有所谓"自所别不成非他"、"他所别不成非自"、"俱所别不成"、"俱一分所别不成"等。以下分别显示例句：

佛弟子对数论立宗"我是无常"。"无常"之法，立敌两家共许；"神我"之说则是立论人本宗学说不许的。此即"自所别不成非他"，即立论人自己对主辞并不同意而不是敌证者方面通不过。

又本论中之数论师对佛弟子所立"我是思"为"他所别不成非自"过。

又说一切有部对大众部立"神我实有"。对于神我，佛家两派均不许其有，故称"俱所别不成"。

若佛弟子对数论师立"我及色等，皆性是空"。佛教与数论都承认物质性的色尘对象可以针对感官而存在；但神我是数论许有而佛教不肯承认的，故此宗有"自一分所别不成非他"的过失。

再如，数论师对佛弟子立"我及色等皆实有"。依据上一例的道理，此宗有"他一分所别不成非自"的过失。

若说一切有部对化地部立"我及过去未来法都是实有"，由于两家都是佛教派别，均许可过去未来法与现在法一样实有；但神我是两家共同否认存有的。所以就主辞言，只有其中一部分为立敌共许，因而此宗有"俱一分所别不成"的过失。

原典

俱不极成者，如胜论师对佛弟子立我以为和合因缘。

译文

对论题之主谓辞概念均无共识的，比如胜论师对佛弟子立论说："神我是和合因缘所成的。"

解说

前面关于宗依不极成的过失是分别在宗上的能别或所别上发生的。这里则两宗依均出现了不能达成共识的毛病。

《入论》中此处所言之"我"（神我）作为有法所别，仅仅是胜论所认可的，佛家并不会同意这个"我"。胜论是主张六句义论的，其第一句义为实，即实体。它下面分有九种实，即地、水、火、风、空（虚空）、时

（时间）、方（空间）、我、意（心及意识）。

其中的"我"作为实体，当然佛教不会同意，故此论题的主辞未达共识，有"所别不失"过；另外，胜论之第六句义是和合，佛教虽同意因缘却不会许可什么"和合因缘"，从而能别上也未达成共识。能别所别的概念既然未取得立敌双方的一致意见，便有"俱不极成"过。这里的"俱"指能别所别，即有法及法二者，并非指立敌双方。

"俱不极成"也有自他之间、全分一分的分别。此不赘言。另外，"俱不极成"的过失可以补救，也就是在宗上加简别语。如本论中之例句可以改为"胜论师对佛弟子立：自许我为和合因缘"。但这样一来，此论式便是自比量了。

原典

相符极成者，如说声是所闻。

译文

论题是（立论与敌证）双方均赞同而无须争议的，比如说："声音是耳所闻。"

解说

简而言之，此一例句的毛病是宗体的命题含义没有任何争议。《大疏》说"对敌申宗，本诤同异，依宗两顺，枉费成功"，说的便是这种毛病。依因明法则，宗体应该违他顺自，即敌证一方理当不会同意宗上有法（主辞）领有法之后陈所显示的属性。如果双方对整个命题都无所争执，便是宗体极成。在主要运用于论争立破的因明学问而言，提出一个不值得争论的题目无异于废话。

文轨在《庄严疏》上说得明白："夫论之兴，为摧邪义，拟破邪宗。声之所闻，主宾咸许，所见既一，岂藉言成，故此立宗有符同过。"这点与亚里士多德的逻辑不一样，后者不会认为命题竟有"符同过"。"声是所闻"是人所共知的现象，完全符合事实。但因明家这样看，成立一个无须证明的论题，有益于谁呢？因明立量在于扫除困惑，启人正智，而不是无端兴起议论。

前述"现量相违"时，指出例句是"声非所闻"，今又以其反命题"声是所闻"为符同过。两个命题正好相反对，似乎应该一真一假。殊不知也有相反对的命题可以同假，不能同真的。但这里的"声非所闻"与"声是所闻"之所以成为似宗，是因为它们采取的是不同的判别标准。

"声非所闻"之作为论题而有过，是由于与正常人的经验相冲突；"声是所闻"之成过则缘于没有开悟他人的功用。佛教因明家都强调"若无新知，则不是量"，不能使人获得前所未有的知识的，都不够格称为知识途径。

原典

如是多言，是遣诸法自相门故，不容成故，立无果故，名似立宗过。

译文

所有这些（构成虚假论题的）言辞，由于它们背离了导向事物本来面目的门径；由于概念没有共识；由于不能达成认识结果，因此称为似是而非的谬误论题。

解说

这是讲解似宗的最后一段总结。似宗九种，商羯罗主将其分为三类，其之所以成"似"，或由于"遣诸法自相门"，或由于"不容成"，或由于"立无果"。

"诸法"于此指事物及现象。"自相"，在字面上指本来的实然的面目，转而指真相、本质。"自相门"指达到事物本质的认识途径。"遣诸法自相门"，意为排除或背离了认识事物的途径，因此无法开示有疑惑的人。大致说来，似宗九种之前五属于"遣诸法自相门"者。

"不容成"指由于在能别或所别上达不到"共许极成"或者两者都未达成共识，从而不容一个真宗（真论题）成立。

"立无果"指的是宗体相互极成，立宗人流于无端起论，因而引导不出积极的认知结果来。

由此往下讨论似因，即似是而非的成宗的理由。

原典

已说似宗，当说似因。不成，不定及与相违，是名似因。

译文

讲过了谬误论题，应当讲虚假的理由了。（它们分为）无证明能力的、不确定的以及正相反对的（三种），都称为虚假理由。

解说

对于谬误理由的研究是印度逻辑的重点内容。从正理派到佛家因明，都对因过进行了详尽的分析研究。古因明中已将似因分列为不成的（无证明能力的）、不定的（其证明能力不确定的）以及相违的（正相反对的）三类。陈那创立新因明对不成因和不定因作了增益。

新因明中似因多了三种，增至十四种。新增的三种似因，后面还会提到。因的十四种过失在因明学中地位极重要，甚至可以认为因明的逻辑理论主要是关于逻辑谬误的研究。当然似因十四种只是似能立。而似能破，即不恰当不合法地对别人论式的批判破斥，也是有关逻辑谬误的内容。这在陈那《正理门论》中已经构成了除九句因和因喻分辨之外的另一重要内容。

原典

不成有四：一两俱不成，二随一不成，三犹豫不成，四所依不成。

译文

无证明能力的（理由）有四种：一、立敌双方均不承认理由（能普遍存于论题之主辞上）；二、立敌双方之一不承认理由（能普遍地存于论题之主辞上）；三、立敌双方或其中一方对理由（能否普遍存于论题之主辞上）犹豫不决；四、（立敌双方或其中一方对论题主辞没有共识，致使）理由无所傍依。

解说

关于不成因的研讨是《入论》中讲解"似能立"部分的第二大段。所谓"不成"，即指该因若作为成宗的理由，证明力不足。以窥基的说法，即"能立之因不能成宗，或本非因不成因义，名为不成"。这"不成"二字是针对不能成就宗义（命题含义）而言的。"若因自不成名不成，非不能成宗名不成者，因是谁因，言自不成。……因既是宗因，有过不能堪为因。明知不能成宗名不成。……又文中不成之义，皆因于宗不成。"

前面讲"能立"时，也已经说明理由应该三相俱足，方可成宗。任缺一相的理由都只能是"似因"。所谓"不成因"，若追寻其何以缺乏证明论题的能力，皆源于第一相"遍是宗法性"未能满足。理由应该是论题中之主辞（小词、前陈、有法、所别）领有的谓辞（中词、后陈、法、能别）。在这个意义上，主辞是体，而谓辞是义；前为能有之实体，后为所有之意义属性。义必须依傍于体，属性不可于实体外悬空孤立地存在。

实质上，强调因之理由所表属性依论题宗上之有法（主辞）而立，正好补充了因明中因支在形式上并非判断句的缺点。亚氏逻辑中之小前提始终是判断形式的，而因明的因支仅仅只有一个中词。

例如"声无常，所作性故，如瓶"这个论式，小前提仅"所作性"一中词，作为理由，它是孤零零的，形式上看不出与小词，即宗上有法有何关系。若非因三相之第一，如何保证在外延关系上宗上有法狭于因法，也即是因法完全包含有法呢？"遍是宗法性"的原则，实际上在检查因支是否可以成为全称判断，即落实此处是否可有"一切声皆有所作性"这一判断句。

因之依傍于宗上有法，要求周遍地为有法领有，这也可以表述为因完全依转有法。总之，不允许有任何一点宗有法落到因法之外。另外，宗上有法应该有体，能别之法才可以依转其上，实有依傍。既然有法有有体、无体的区别，那么依傍有法而不成的因法也就有"有体不成"和"无体不成"两者了。

无体不成因是说因法自体不成，故无从依转有法。有体不成因则是指：因体虽有但却与有法无关，也谈不上依转有法。这两种情况下的不成因都是无能力成就宗上命题的。

"不成因"之"不成"也就是因无法证明宗体。何以不能证明呢？这是因为因法自体有问题，即立敌双方也许并不同意此因真实存在，或者因为有法的外延范围与因法范围不相属，或者部分有法属性落在因法外延范围之外。凡此种种都会取消因之成宗的能力。

"两俱不成因"指立敌双方均不许理由已周遍地充满了有法外延范围，所以该理由不成宗体。

"随一不成因"指一许一不许因于有法有，故此因无法成宗。

"犹豫不成因"指因的存在与否尚不确定，要借它成宗当然不可能。

"所依不成因"涉及因与宗上有法两者有体无体的问题。按因明规定：无体之因可以依傍有体或无体的有法；而有体的因只能依傍有体的有法。若违犯这两条使因无所依傍，此因也就丧失成宗能力。

《大疏》总结道："无因依有法，有法通有无。有因依有法，有法唯须有。因依有法无，无依因不立，各所依不成。"

原典

如成立声为无常等,若言是眼所见性故,两俱不成。

译文

比如要证明"声为无常"之类(的论题),如果说是"眼睛所看见的属性的缘故",则此理由双方均不接受。

解说

声音并不是由眼睛感受的,这是人所共知的事实。据《大疏》说,此为胜论对声论所立宗。此量中的"眼所见性"之理由依傍宗上有法"声"而立是莫须有的事,不说声论不同意,胜论中人恐怕也不会附和。简言之,"声"之体绝不会有"眼所见"的属性。因之作为宗上有法的法性本来应该立敌共许,而这里的"眼所见性"与"声"在任何情况下均不能成体义关系。靠这种理由要成宗当然不可能,不唯如此,理由自身也不成理由。

"两俱不成因"之过失也有全分与一分的区别。此处例句中之"眼所见性"孤立地看不妨为有，但它不可以成为宗上有法之法，所以被称为"有体全分两俱不成"。依据此原则可以推出另外三种"两俱不成因"来，如：

有声论师对佛弟子立量："声是永恒的，在实体范畴中的缘故。""实体"范畴是佛家和声论派自己都不接受的，当然不会在有法"声"上存在。这叫"无体全分两俱不成"因过，此因根本无体，所以无从与有法发生什么关系。

另外，若有人立量："一切声音是永恒的，意志所发动的缘故。"声音应分为内声和外声。内声是依赖声带及意志力推动而发出的；外声则指大自然中的风声、雨声、雷声等，它与意志力完全无关。从常情上讲，"意志发动"的因存在于有法"一切声"上是得不到承认的，立敌双方都不许外声上有"意志发动"的因。这称为"有体一分两俱不成"。

再如声论师对佛弟子立量："声音是永恒的，在实体范畴中并由耳朵摄取的缘故。"声音由耳朵摄取感受，立敌均不会有异义。但实体范畴是胜论的主张，声论及佛家都不许有，故此因犯"无体一分两俱不成"的过失。

原典

所作性故，对声显论，随一不成。

译文

如果说是"所作性的缘故"，对声显论，此理由是立敌双方之一不接受的。

解说

"随一不成"之"随一"，指立敌双方之任一。"随一不成因"指本想证成论题的理由，在立敌之一方看来，根本不能成为宗上有法的法，而这一点本来是应该确定共许的。这样，理由便失去了说服力。

声论中有两种意见，一以声音因缘而显，一以声音因缘而生。声显论是说本来就存在，随缘才显现；声生论主张声音本来不存，缘具也就产生，一经产生也就永远存在。现在胜论师对声显论立"声常，所作性故"，当然不为声显接受。"所作性"的理由在声显一派看来，根本不会存在于有法"声"上。前已说过，因明不仅要求理由是共许极成的，而且还要求它完全为宗上有法领有，成为其谓辞。这里的"所作性"因是立论者允许而敌证者声显所不同意的，故有"随一不成"的过失。

"随一不成"有立论一方不同意之"自随一不成"，也有敌证不许的"他随一不成"；同样还可以随不成的范围而有"全分"、"一分"的区别。《大疏》在此分出八种情况，即前面已述的"有体他随一不成"，另有"有体自随一不成"，读者只需依据上面的例子，将立论敌证两方对换即可。以下所引的三对例子也都只是立敌双方位置互换而已：

"无体他随一不成"：胜论师对声论立量："声音无常，在属性范畴中的缘故。"声论本宗学说没有属性范畴（德句义）的地位，这只是胜论师独有的。反过来，若此量是声论对胜论立，则成"无体自随一不成"。

又若大乘佛教对声论成立"声音无常，佛陀所有感官可以感受的缘故"。只有大乘佛教认为佛陀可以诸根互用，即眼耳鼻舌身不需要像凡夫那样各别摄受色声香味触五种对象，佛陀的任一感官都可以摄取五种对象。但在声论师看来，只有耳根才能摄取声音，其他感官于此是无能为力的。那么大乘方面对声论出示的成宗理由便犯"有体他一分随一不成"过。若反过来由声论对大乘立此量，则为"有体自一分随一不成"。

再若胜论师对声论者提出"声无常，在属性范畴中的缘故，耳朵所感受的缘故"。声论不承认属性范畴，故有"他随一不成"；但声论同意耳朵可摄取声音，因而仅仅是对理由的前一部分不接受。这称作"无体他一分随一不成"。若倒过来，由声论对胜论立此量，则为"无体自一分随一不成"。

还得补充一点。"随一不成因"既然有过失，当然无证宗能力。但"随一不成因"如果并不用来成立共比量，即立量人并未指望双方都接受论议主张，同时还在"随一不成因"之前特别加以声明，标示此因只是立敌之中一方所主张的，那么此因的过失也就免除了。换言之，若"全分他随一不成因"前冠以"自许"、"我许"则成为合法的自比量；若"全分自随一不成因"前冠以"汝执"等简别语则成为他比量的正当因。此即窥基的说明："他随一全句，自比量中说自许言；诸自随一全句，他比量中说他许言。一切无过，有简别故。若诸全句，无有简别，及一分句，一切为过。"

前述之"有体他一分随一不成因"，例如大乘师对声论所立"声无常，佛五根取故"，若改动一下，令成"声无常，自许佛五根取故"，作为自比量，可以无过。

原典

于雾等性起疑惑时,为成大种和合火有,而有所说,犹豫不成。

译文

对远处究竟是雾是烟还是蚊蚋尚未弄清楚,就以之为理由来成立"远处有火"的论题,属犹豫不成的过失。

解说

先释玄奘译之"大种和合火"。印度人认为火有"性火"和"事火"的区别。"性火"为潜在的规定火之性质之元素,无处不存,无处不有。"事火"则是肉眼可见的可以燃烧煮食的。"事火"也称"大种和合火",它有烟有焰。"事火"并不是孤立的火大(火元素)就可以构成的,它还要依赖风大、地大等的配合,所以说它是"四大种和合而有"的。"四大种"也就是地、水、火、风四者。

前面的不成因,是指立敌双方或其中一方不接受理由完全依存于论题主辞,因明的传统说法,称之为"因不能于宗有法上遍依遍转"。随其不能共许的范围,也便有"俱不成"或"随一不成"的过失区分。此处"犹豫不成"之"犹豫",是说理由本身不确定,立论人拿不稳,无从肯定理由究竟是什么,当然也无从断定理由是不是依转于论题主辞,这种模棱两可的理由要据以证明论题,甚可怀疑,自然使人犹豫不定。

因明的主旨在开悟他人,引生决定正智,因此犹豫之宗和造成宗义犹豫的犹豫因是绝不可取的。《入论》在此并未列出论式显明犹豫不成因在哪里。它只是说,立量之前的不确定之感性知识不足以作为理由。如果硬以之作为理由,则"此因(犹豫因)不但立者自惑,不能成宗,亦令敌者于所成宗疑惑不定。夫立共因,成宗不共,欲令敌证决定智生。于宗共有疑,故言于雾等性起疑惑时,不成宗果,决智不起,是故为过"。

如果列出这一犹豫宗因的论式,应为:

宗:远处有大种和合火,

因:似乎看见了烟或雾等,

喻:如厨房。

既然立论人连是烟是雾还是大群蚊蚋尚未弄准,那以之所成之宗也太可疑了。不仅敌证会有困惑,立论一方也不会有决定正解。这是由于理由本身不确实而成的犹豫过。

原典

虚空实有，德所依故，对无空论，所依不成。

译文

如果对无空论者立论说："虚空是确实存在的，因为属性依附于它。"这理由便有无所依傍的过失。

解说

前面说过，宗上有法与法，即论题中之主辞与谓辞构成的命题是"自许他不许的"；而宗上有法与因法所构成的命题应该是极成共许的。如此才有"以共许法成不共许法"的说法。作为共比量，要使敌证一方同意宗体的命题判断，就必须首先保证因法与宗有法的依转关系。因依于有法，且遍依遍转于其上。因为能依，有法是所依。因与有法的外延关系是上位概念和下位概念的关系。

如果有法代表的事物根本不存在，亦即如果有法无体或没有有法这东西，那么因法依靠什么呢？这就叫"所依不成"。《大疏》卷六上说："凡法有法，必须极成，不更须成，宗方可立。况诸因者，皆是有法宗之法性。标空实有，有法已不成，更复说因，因依于何立，故对无空论，因所依不成。"

《入论》未说明，此量是谁提出的。窥基说系胜论师对经部所立。但经量部学说不承认虚空的范畴。所以此论式中，宗上有法为"自有他无体"，而且论式中又没有寄以胜论方面的"自许"等简别语之类。所以在敌证一方的经量部，"德（属性）"是无从依傍的。

胜论六句义论之第一范畴为"实体"，第二范畴为"属性"。实体有九，其中之一便是"虚空"；属性有二十四，如色、香、味、触、数、量、别、合、离等。就"虚空"这一实体言，其领有数、量、别、合、离、声六种属性。胜论的意思是说，作为"德"的属性既可以依附于"空"，那么"空"之为实体便是肯定的事实了。可这是以胜论自宗学说为依据的。若对小乘佛教而言，"空"不是实体，只是"空无"而已。胜论以"虚空"说明的任何东西都不会为佛教方面同意。

联系前面讲似宗时有"所别不成"似宗一过，可以看到立敌双方对宗上有法，亦即所别、主辞都没有达成共识，胜论的"虚空"并不是经部论者的"空无"内涵。所以就宗支言，可说有"所别不成"过；而就因支言，则有"所依不成"过。

以上所说关于理由的"所依不成"的过失属于宗有法无体而造成。这里不能不顺便提及另一种"所依不成因"的特例。前面我们曾在释宗同品时，强调宗法之外延不可与宗有法相等，若相等，一旦"除宗有法"便无宗同品可寻，如此则无从完成因三相之第二"同品定有性"。我们知道，宗同品在某些情况下不可多得，宗同品又只能以宗上未言及之事物充当。

如立"声无常"，一切无常品类都可以引为归纳材料，唯独"声"不行。这当中道理很明白，因明所立之宗体违他顺自，属自有他无体，敌证一方并不许"声"之体上有"无常"义。若不排除"声"为宗同品，无异于循环论证，将待证者用作理由。今举一宗有法与宗法外延相当的例子，如有立量"一切声皆所闻，无常性故"，"声"与"所闻"外延正相等，一旦除宗有法，便无宗同品可举，还有什么是非声的所闻的东西呢？一旦缺无宗同品，因之法性或因同品便无从与宗同品汇合而成同喻依，也便无同喻体。

再从因法一面来看，是否也应有"除宗有法"的要求呢？共比量中，因之法性依据第一相"遍是宗法性"而遍依遍转于有法。这是立敌共许极成的，故因同品也是宗同品，本来无须"除宗有法"，但因同品搜寻的目的是与宗同品汇合而完成因三相之第二的考察。今宗同品既已除宗有法，因同品纵不排除有法，也不会再与宗同品相遇汇合于同喻依，故因同品之"除宗有法"是无形之中完成的。这种情形下，若立量云"声是无常，所闻性故"，能立因法与宗有法外延相等，一旦在因上"除宗有法"，便全无因同品可依转宗上有法。缺无因同品也是一种"所依不成"。

这里讲的是因为因同品除宗有法而导致的能立因法所依不成。试举一例：

宗：人是强有力之生物，

因：有理性故。

此中宗法为"强有力之生物"，同品不妨以虎豹等充数。但"有理性"能立因法与有法"人"正好外延相当。一经除宗有法，"有理性"之因便无所傍依，仍然不能满足正因应有之第一相"遍是宗法性"。

《大疏》对"所依不成过"随有体无体、全分一分及两俱随一另于《入论》例句外分列九种：

说一切有部对大乘："我常住，识所缘故。"立敌双方均不许有所依之"我"，但能依因法"识所缘"尚有，故成"两俱有体全分所依不成"过。此处"两俱"指立敌双方；"有体"指双方许因实有；"全分所依不成"指整个有法无体，因法才完全无所依傍。

数论对佛弟子："我实有，德所依故。"两俱不许有"我"和"德"句义，故成"两俱无体全分所依不成"过。

数论对大乘："我业实，有动作故。"两俱但许"业"有，不许有"我"；"有动作"之因亦两俱许可，故成"两俱有体一分所依不成"过。

数论对佛弟子："自性有，生死因故。"敌证一方不许"自性"，两俱同意"生死因"故，成"他随一有体全分所依不成"过。

数论对大乘："藏识常，生死因故。"数论本不许有"藏识"，但两俱许有"生死因"，成"自随一有体全分所依不成"过。

数论对大乘："我其体周遍于一切处，生乐等故。"大乘本不许有"我其体"，亦不许有此因，故成"他随一无体全分所依不成"过。

若仍然是上面一量，立论人换为经量部，则成"自随一无体全分所依不成"过。

数论对大乘："五大常，能生果故。"五大指地、水、火、风、空。立论一方虽许五大生果，敌证不许第五空大能生果，故成"他随一有体一分所依不成"过。

若上一量是大乘对数论提出的，便有"自随一有体一分所依不成"过。

原典

不定有六：一共，二不共，三同品一分转异品遍转，四异品一分转同品遍转，五俱品一分转，六相违决定。

译文

理由之失于不确定有六种情况：一、理由在论题谓辞的同品（宗同品）及论题谓辞异品（宗异品）上均遍有。二、理由在宗同品宗异品上均没有。三、理由在宗同品上部分有，在宗异品遍有。四、理由在宗异品上部分有，在宗同品上遍有。五、理由在宗同品宗异品上均部分有。六、两个正相反对的论题（均有正当理由）而令闻者无从判定。

解说

谬误理由（似因）有三种，第一种无证明能力的前面已经讲过。现在讲似因之二，即证宗能力不确定的理由。这一类理由之所以不能确定成宗，毛病在于作为因，它们无法满足第二相"同品定有性"。这与第一类似因不同，在无证明能力的谬误理由中，毛病是该理由在宗有法上未达成遍有存在，也就是不能满足因三相之第一"遍是宗法性"。

"同品定有性"旨在检查因法与宗法，即论题谓辞的关系。按因明要求，外延上理由可以小于或等于宗法，但绝不可以大于宗法，一旦大于宗法的外延范围，它便会溢出到宗法的负概念范围内去。这个负概念在因明中称为"宗异品"。仍以"声无常，所作性故"为例，宗法"无常"，其负概念即宗异品为"非无常"，"非无常"也即是"常"品。现在检查"所作性"与"无常"的关系，实际是看承担大前提之推理基础任务的喻体能否成立。此喻体应为"任何具所作性者均为无常"。

若"所作性"溢出到"无常"概念之外去，即溢到"常"之宗异品上去，即可得到"有所作性者是常"的判断，进而可以成立"并非一切所作皆无常"的判断。若真如此，大前提的原则便是不确定的了，从而理由要成就论题也是不确定的。因明家认为相当于大前提的喻体不能成立，原因还在于理由溢出到宗异品上去了，所以形成了不定因的过失。

顺便说一句，不定因虽有六种情形，但最后一种不确定理由"相违决定"之所以发生，并非缘于因法外延大于宗法，而是两个相反对的论题都各有三相圆足的理由，因而让别人听了无从决定哪一个论题才算正当。

原典

此中共者，如言声常，所量性故，常无常品，皆共此因，是故不定。为如瓶等，所量性故，声是无常，为如空等，所量性故，声是其常。

译文

这些不确定的理由当中，理由在于宗同品、宗异品均遍有的"共不定"，比如说"声音是恒常的，可以作为认识对象的缘故"。在"恒常"及"无常"的品类上，都有（"可作为认识对象的缘故"）这一理由周遍存在。所以它是不确定理由。如以瓶为例，瓶有被认识性（又有无常性），那么声是无常的；如以虚空为例，虚空有被认识性（又有恒常性），声则应当是恒常的。

解说

如图一所示,共不定因的根源出在外延范围太大,不仅宗同品上遍有此因,宗异品上也遍有此因。九句因中第一句即这种情况。本论中所举的"声常,所量性故",是声论对佛弟子所立量。"所量性"的"量",指"量度",转借指"认识"。显而易见,"能被认识(所量性)"作为理由要证成"声音恒常不灭"是不够格的。

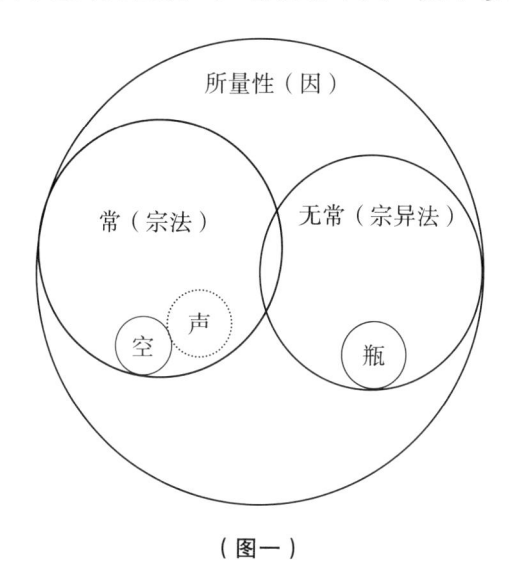

(图一)

"所量性"之因,外延过于宽泛,结果使宗同品、宗异品都可以见到"所量性",从而"常"与"无常"均可以通过"所量性"之因而发现存在于有法"声"

上，最终使得所立宗义不能成立。因为"所量性"之因既可以成"声无常"，也可以成"声常"。成立"声无常"，可以用瓶罐等为喻证；而成立"声常"，则可以用虚空为喻证。这样宽泛的因当然是不确定的无效能的。如图一中所示的"声"，所以用虚线圈出放在宗同品范围内，正是想说明"声"究竟是"无常"还是"常"都是犹豫而不能确定的。

若孤立地考察共不定因的第二相，可以认为"同品定有性"已获满足。但一旦引入第三相，便可知道"异品遍无性"恰巧是被违背的！瓶罐等无常异品之上恰恰有"所量性"。而立论人这方面，肯定在举出"所量性"因时，并不要证明"声无常"的宗义。

由共不定之过失因，我们可以总结：理由之外延范围不能过宽，致使溢出到宗法异品上。换句话说，理由之外延应该小于宗法之外延，至多只能与宗法之外延相等。按《大疏》卷六的说法，它们之间的关系应保持宽宗和狭因的关系。宽宗指宗法外延大，狭因指能立因法的外延相对狭窄。总而言之，应保证宗法与因法作为两个概念在判断关系（即喻证）中的属种位置，即是说，因法概念应该永远是周延的。

《大疏》卷三曾论述这种宗因关系："因狭若能成立狭（宗）法，其因亦能成立宽法；同品之上虽因不遍，于异品中定遍无故。因宽若能成立宽法，此必不能定成狭法，于异品有，不定过等随此生故。"再重复一句，宗之宽狭只能相对于因法外延而言。在宗法与因法所成的判断关系中，只要因法外延是周延的，即满足了"宽宗狭因"的要求。

正由于宗宽因狭，才有因之第二相"同品定有性"的表述。这"定有性"的"定"字极有讲究。它意味着因法一定要在宗同品上有，但并不一定要所有宗同品上均遍有此因法。也就是说，因法之外延范围可以但并不一定非等同于宗法范围。当然，如前所释，大于宗法范围是绝不许可的。此例中之共不定因便源于因法范围大于宗法范围。

《大疏》中所说的"宽宗"、"狭宗"、"宽法"、"狭法"都指论题中的谓词，亦即所立宗法；相应地，"宽因"、"狭因"应指能立因法。《大疏》认为宽因成立狭法便有不定过生出。它所举宽因有"所知、所量、所取"等，这是由于"无有一法非所量故"，没有一事物不可以成为思想对象的。任何东西，无论实际有没有，（因明家称为有体或无体）都可以是思量认识的对象，龟毛兔角属无体，但仍可以成为"所量"的对象。

《大疏》以为"所量所取"这些东西外延范围至大无外，无所不摄，可称为绝对的宽法、宽宗，但它对宗因宽狭似未讲透。其实应该在宗因对待关系上，而不是孤立地讲宽与狭，外延范围大于宗法之因为宽因，小于宗法之因为狭因，只要狭因证宽宗，即可无过。当然联系前说之"同品定有性"，既许可因之外延范围等同于宗法范围，那么宽因亦可证宽宗而无过失，只要因没有宽到溢出宗同品便可以。

《大疏》就共不定因列三种过，分别属自比量、他比量和共比量。共比量中之共不定因，以本论中例句可见；自比量和他比量中之共不定因例句如下，读者可自己分析：

数论立自比量："我我是常，许谛摄故，如许自性。"此中"我"、"许"均为简别语。"谛摄故"之因，谓"在二十四谛中的缘故"。但数论除神我之外的二十四谛中，有如"自性"的常者，亦有如大等谛的变易无常者。

佛法破数论："汝我无常，许谛摄故，如许大等。"此量中宗法为"无常"，"无常"固然可以"大等"为同品，但"无常"的异品"自性"之上，也同样可以见到"许谛摄"的理由。可以认为"许谛摄"因是较宗法"无常"过宽了。

原典

言不共者,如说声常,所闻性故。常无常品,皆离此因。常无常外,余非有故。是犹豫因。此所闻性,其犹何等。

译文

理由(的失于不确定)在宗同品宗异品上均没有,而成的不共不定,比如说"声音是恒常的,由耳朵所听闻的缘故"。("所听闻"之理由)在"恒常"之宗同品和"无常"之宗异品上都没有。"恒常"与"无常"之外再找不出别的东西来充当同品和异品,所以是犹豫不定的理由。这个"所听闻"之理由,用什么来作模拟呢?

解说

不确定的理由之第二种为"不共不定",属九句因中第五句,即在宗之同异两品均无因法可寻。此因固然可满足因之第三相,但却无法满足第二相。如图所示:

```
        ┌─────────────────┐
        │    常（宗法）    │
        │  ┌───────────┐  │
        │  │声，所闻（外延│  │
        │  │范围完全相等 │  │
        │  │的有法和因法）│  │
        │  └───────────┘  │
        └─────────────────┘
```

（图二）

究其根本，此因所以成过，在于因法与宗法（中词与大词）完全脱节，失去了任何联系。结果，本来希望据以成宗的理由成了犹豫不定的因。前面一过，即"共不定"因的毛病在于因法过宽，溢出到全部宗异品之上，从而失去了证宗的功能。

这里的"不共不定因"刚好相反，它的因法外延过于狭窄，一旦除宗有法，宗同品、宗异品上均不存一点因法，从而因同品也便不可能与宗同品相遇，喻依便列不出来，也就没有了喻体的逻辑大前提，整个论式便丧失了推理的根本基础。这些都因为本欲成宗的能立因法处于一种与所立宗法隔绝的境地。

这里还需要声明一句，尽管如上面图二所显示的，"声"与"所闻"都落在宗法"常"之范围内。但"声"与"所闻"的外延是相等的，若经除宗上有法"声"于同品之中，连带着也就剔除了"所闻"性，从而宗同品、宗异品完全失去关联。宗同品、宗异品上均不再有能立因法。

依据亚氏的三段论推理过程，思维的起点是大前提，自然其中不会出现中词（理由）与大词（论题谓辞、宗法）无关联的问题。但就因明论式言，相当于大前提喻体还有待于搜集材料归纳出来。其归纳加工的素材当中，起码不能有当下待证的命题。就《入论》此处例句而言，起码不能有"所闻性"的"声"这一材料。"声"与"所闻性"的外延范围正好相当，由于"除宗有法"，宗同品不得有"声"，而同喻依是宗同品与因同品汇合的例子。

今宗同品既排除"声"，因同品也就绝无可能有"声"了；因法是"所闻性"，若其同品中无"声"，也就不可能有任何别的同品，因为"所闻性"的是也仅仅是"声"。这样一来，以"所闻性"为理由证明"声是恒常"便是犹豫而不确定的，因为举不出同喻依的缘故。由缺无同喻依，也便缺无同喻体。缺无同喻体，便是缺大前提，也即是中词与大词无关。

具体而言，便是能立因法"所闻性"与所立宗法"常"全然无关。就亚氏三段论而言，作理由的中词与大词，也即是大前提的主谓项可以是肯定的，也可以是否定的关系，但绝不会没有关系。但因明中，相当于大前提的同喻体产生于具体考核能立因法在宗同品、宗异品中的分布情况。本来因三相原则立足于理由去看待它与有法和宗法之同品异品三者的关系。

能立因法本来是仗着双方共许了的它与宗上有法的色摄关系（即属种关系），去证明立宗之时，敌证尚不许的有法被宗法色摄的关系。这一过程中要检验的正好是能立因法与所立宗法的关系，这个关系就是"宽宗狭因"，也就是因的范围只能在宗同品内，不得溢入宗异品中。只有这样，才能"说因宗所随"，保证凡有因法属性者定有宗法性质。

不共不定的因过，在于能立因法与宗法完全脱节，完全没有一个因同品可以向立敌双方显示因法与宗法的联系。本来，联系因法与宗法的东西是有的，这便是《入论》此处所举的"声音"，它可以将能立法"所闻性"与所立法"常"二者联系起来。但由于能立因法"所闻性"的外延范围过于狭窄，至少它并不比宗有法宽，结果，因同品除宗有法便无从搜寻实例来归纳同喻体。

所以《入论》说"此所闻性，其犹何等"。除了"声音"，我们关于"所闻性"实在是举不出任何类似物来。既没有任何事物可以模拟，可以显示因法与宗法的关系，结果这里的理由是不确定的，不能证宗的。

《大疏》卷六说明不共不定因的过失时指出："夫立论宗，因喻能立。举因无喻，因何所成？其如何等，可举方比；因既无方，明因不定，不能生他决定智故。"宗之论题既是双方所诤，只有靠因与喻两者来成立。现在只有因而没有喻，因也就无法说明什么了。本来举出因之外，还应举出类似因与宗法的东西。因既然无同品可举，既然脱离宗同品与宗异品，当然属于不确定因，也就不可能引出敌证方的明确知识来。

窥基以《入论》中不共因例句来说明此因如何流于犹豫而无效的："如声论师对除胜论，立'声常'宗，'耳所闻性'为因。此中'常'宗，'空'等为同品，'电'等为异品，'所闻性'因，二品皆离。于同异品皆非有故。离'常'、'无常'，更无第三双非二品有'所闻性'，故释不共云。离'常'、'无常'二品之外，更无余法是'所闻性'，故成犹豫，不成所立'常'，亦不返成异品'无常'。"

说到底，因的外延范围不能与宗上有法相同而必须是因法宽，有法狭，以免因同品除宗有法便失去与宗同品宗异品的任何关系，以致无喻证可举。《入论》中所举不共不定因属共比量中的过失，相应也有随自比量和他比量而产生的"他不共不定"及"自不共不定"，引《大疏》例句如下：

佛弟子对胜论师立他比量："你所主张的实体并非实体，你所主张的属性依附其上的缘故。"（"彼实非实，执德依故"）只有"实"才是德所依附的体，一经除宗有法，"非实"宗法中自无同品可供"德"所依；"实"之宗异品除宗有法也不再存在，从而"德"仍无法可依。此"执德依"之因为"自不共不定因"。

胜论对佛弟子立："我坚持的实句义存在着，为德所依的缘故。"（"我实有，许德依故"）道理如前例，唯立敌地位互换而已。有"他不共不定"因过。

原典

同品一分转异品遍转者，如说声非勤勇无间所发，无常性故。此中非勤勇无间所发宗，以电空等为其同品。此无常性，于电等有，于空等无。非勤勇无间所发宗，以瓶等为异品，于彼遍有。此因以电瓶等为同法，故亦是不定。为如瓶等，无常性故，彼是勤勇无间所发，为如电等，无常性故，彼非勤勇无间所发。

译文

理由（的失于不确定）在宗同品上部分有并在宗异

品上遍有，比如说"声音并非凭意志当下发动的，而是由于它并非恒常存在"。这里"并非凭意志当下发动的"论题谓词，以雷电、虚空作它的同品。"非恒常存在性"的理由在"雷电"上是有的，但在"虚空"上却没有；"凭意志当下发动"之论题谓辞，以瓶罐等作它的异品，（"非恒常存在性"的理由）在"瓶罐"之上是遍有的。这里的理由以雷电和瓶罐为同品，所以（它证明论题的能力）是不确定的。（因为）如果像瓶罐，由于瓶罐的非恒常存在性（以及凭意志当下发动性），声音也就是凭意志当下所发出的吗？如果像雷电，那么雷电有非恒常存在性以及非凭意志当下发动的性质，那声音就不是凭意志当下发出的吗？

解说

这里讲解不确定理由的第四种。它在九句因中属第七句。其过失的原委集中在"同分异全"上，即同品上部分有理由，异品上充斥着理由。结果，虽然因三相之第二"同品定有性"得到满足，但第三相"异品遍无性"是完全给违背了的，不但没有"遍无"，简直是"遍有"。这"同分异全"之"同"指宗同品，"异"指宗异品，"分"指理由部分地存有，"全"指完全地充斥。具体可见附图（三）。

由于能立法（因法、理由、中词）溢出到宗异品上，结果宗同品"非勤勇所发"与宗同品"勤勇所发"之上都有能立法的"无常"性质。若以宗同品做模拟推理，可以依据宗法与因法共居于同品之上，断定宗上有法领有宗法，即依据"电"上有"非勤勇所发"性与"无常"性共居而宣称"声音"是"非勤勇无间所发"，因为"声音"之上也有"无常"法性；但宗上有法也可以依据宗之异法与因法共居于宗异品而否认该有法领有是宗法性，即依据"勤勇无间所发"与"无常"共居于瓶等宗异品上而断定"声音"是"勤勇无间所发"的，因为它上面也有"无常"法性。

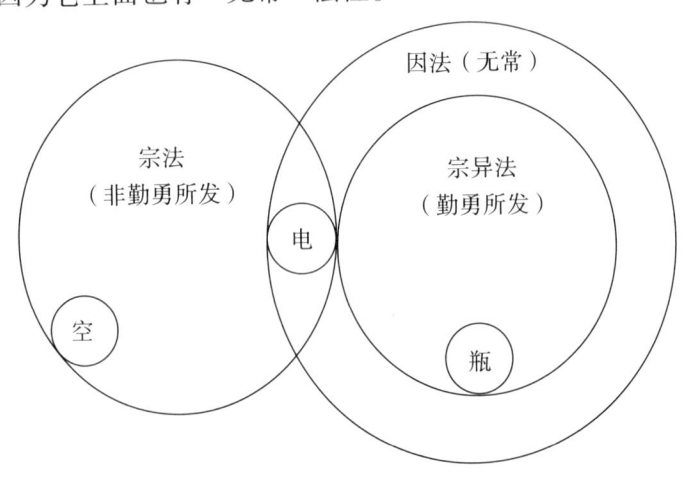

（图三）

同一理由成立了正相反对的两个论题，当然不能说它可以引生决定正智。所以将它归入有过失的理由。

依据《大疏》卷六的说法，这里是声生论对声显论者立量。声生论主张声音以往没有而凭所作性临时发生，并不是勤勇显发的；而声显论以为声音本来就存在，只是凭勤勇无间而显发，并不是所造作而生的。按理，声生对声显立"声非勤勇无间所发，无常性故"，则犯有理由的"两俱全分两俱不成"之过失。不过，这里姑且将它当作不确定因的过失来分析。

"同分异全"的不定因过随比量式有自、他、共三种分别而不同，其因所生的逻辑谬误范围不一，但本质是一样的。本论中的例子属于共比量。下面引《大疏》例句显示自比量与他比量中"同分异全"不定过：

如小乘对大乘立他比量："你们所讲的藏识并不是异熟识，它维持着认识活动中统觉的缘故，如像末那识那样。"（"汝之藏识，非异熟识，执识性故，如彼第七等。"）大乘唯识宗主张有六识（即眼、耳、鼻、舌、身、意六者）及末那识和藏识。

末那识在认识活动中有统摄作用，使一切认识围绕着"自我"发生。藏识是根本识，一切种识。此例中之宗同品指异熟六识之外的一切事物，具体说，可以指第七末那识和一切六尘（色、声、香、味、触、法）等；

而宗之异品就是前六识了。

以眼识为例,它既非异熟识又主持某一方面的认识活动。因而"执识性"之因在部分同品,如末那识上有,又在宗异品,如六种识上遍有,结果成了"同分异全",故此因有不定过。

又如萨婆多对大乘立自比量:"我所主张的命根是实有的,因为没有感受和思虑活动,如像我们承认的色声等。"("我之命根定是实有,许无缘虑故,如许色声等。")萨婆多即说一切有部。此自比量中,宗同品有五蕴,即色、受、想、行、识及无为法等,而不起感受思虑功能的"无缘虑"之因,于色蕴(物质性的存在物)之上存有,但于识蕴上刚好没有。

识蕴是有"缘虑"性的,这是因于同品上的部分有;宗异品以瓶罐等,它们皆因无常而不成实有。"无缘虑"的理由在瓶罐等非实有的东西上是遍存的,这是因于异品之上的遍有。所以此"无缘虑"因有"同分异全"的毛病,直接与因三相之第三相矛盾。

原典

异品一分转同品遍转者,如立宗言,声是勤勇无间所发,无常性故。勤勇无间所发宗,以瓶等为同品,其无常性于此遍有；以电空等为异品，于彼一分电等是有，空等是无。是故如前，亦为不定。

译文

理由（的失于不确定）在宗同品上遍有并在宗异品上部分有，比如成立论题说"声音是凭意志当下发出的，并非恒常存在的缘故"。论题谓辞是"凭意志当下发出"，它以瓶罐等为宗同品，（而借以成立论题的理由）"非恒常存在的缘故"在宗同品上是遍有的；（论题谓辞）以雷电、虚空等为宗异品，就雷电这部分说，"非恒常存在性"之理由为它具有；但对虚空这部分说就没有这个理由。因而如前例一样，此因也有不确定的过失。

解说

作为不确定理由，此因过失以九句因之第三句为例。简称"异分同全"之不定因过。它与前面一过"同分异全"相比较，就能立因法在宗同品宗异品上的存有状况而言，正相反对。前一过的毛病在于本不应有因法存在的宗异品上却处处可见因法；此过的毛病在于宗异品之一部分上可见因法。就逻辑谬误的性质而言，前过与此过是程度上的差别，本质上都是对因三相之第三条标准的违背。

为进一步说明此"异分同全"过，试另举一例：

宗：人是灵长目动物。

因：非爬行类故。

此处之宗法为"灵长目动物"，其同品有猩猩、狒狒；其异品则有非灵长目的虎豹与蛇鳄等。因法"非爬行类"在同品上全有，在异品之部分上，如虎豹之上没有；而在另一部分如蛇鳄上应该有。

各概念间属种关系可见图四：

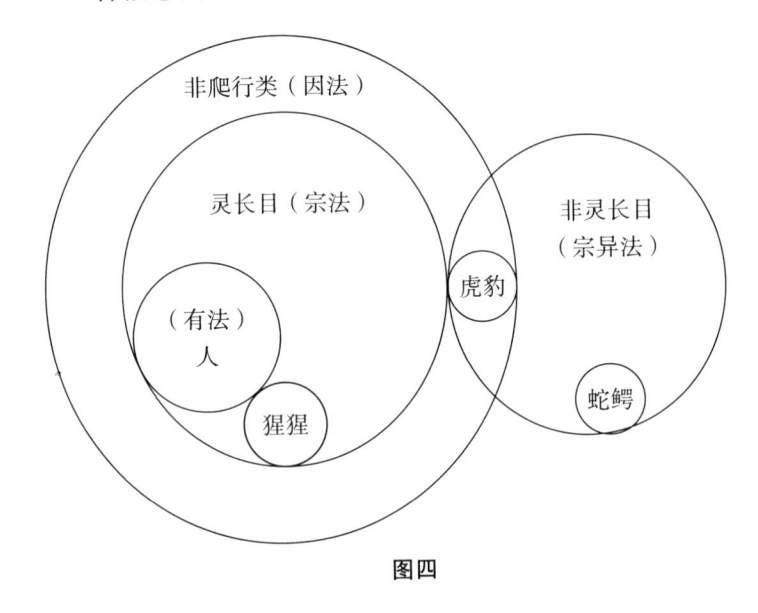

图四

结合前面谈到过的"宽因不能成狭宗,狭因方可成宽宗"的原则来看,此例过失在于"非爬行类"之因过于宽泛,而"灵长目"之宗法相对偏狭,以至于一部分非灵长目的东西,如虎豹也落入非爬行类的范围。结果在举方比成因时,我们是以猩猩作为同喻呢?还是以虎豹为同喻呢?前者可与人相类而使"人为灵长目"之宗成立;后者是否也与人相类而使"人非灵长目"之宗成立呢?

《大疏》卷六依据因明在佛学论辩中的实际运用,提出了依自比量和他比量产生的"异分同全"不定因过例:

如大乘师对萨婆多成立他比量:"你所说命根并不是实有的,因为不能有感受思虑,就像你们所同意的瓶罐等一样。"("汝执命根,定非实有,许无缘虑故,如所许瓶等。")这里的宗异品便是一切实有者,比如说一切有部允许实有的五蕴无为法,五蕴之中,色蕴应有"无感受思虑(缘虑)"之因,而受想行识诸蕴之心心所法上应有"缘虑"因;而宗之同品,即一切"非实"者应有"无缘虑"因。如此则成"他异分同全"。

又如大乘唯识宗立自比量:"我主张的藏识应是异熟识,我同意它有维系认识中了别功能的缘故,如像六识一样。"("我之藏识,是异熟识,许识性故,如异熟六识。")这里的"异熟识"之宗法,以六识为同品,六识之上均有了别功能；又以除"异熟识"之外的一切法为异品，了别功能的性质在色法上没有，而在"非业果心"的活动上是有的。因而此因成"自异分同全"。

与上面相同的"异分同全"因不定过，尚可见于玄奘曾加以驳斥和修订的胜军居士的共比量。胜军居士曾立量云："大乘真是佛语，两俱极成非佛语所不摄故，如增一等。"这里的宗法为"佛语"，其同品应有《增一》经典，大小乘佛教派别均许"非佛语所不摄"因于《增一》上有；但"发智论"、"六足论"作为宗异品，"非佛语所不摄"因在"发智论"上有，在"六足论"上无。所以，此因有"共异分同全"的过失。

原典

俱品一分转者，如说声常，无质碍故。此中常宗，以虚空极微等为同品，无质碍性，于虚空等有，于极微等无。以瓶乐等为异品，于乐等有，于瓶等无。是故此因，以乐以空为同法故，亦名不定。

译文

理由（的失于不确定）在宗同品、宗异品上均部分存有，比如说"声音是恒常存在的，出于无障碍性的缘故"。这里的论题谓辞为"恒常存在的"，其同品是虚空和极微，"无障碍性"在"虚空"上有，对"极微"说来则没有；（论题谓辞）又以瓶罐和乐（感受）等为异品，（"无障碍性"作为理由）在乐等感受上存有，但在瓶罐上面则没有。由于该理由以乐受及虚空为因同品，所以是不确定因。

解说

"俱品一分转"的"俱品"指宗同品与宗异品二者，"一分转"指因法性质皆部分地存在于同品和异品之上。"无质碍"因之"质碍"指触摸起来有受阻碍的感觉，进一步说，某种东西在那里，它已占据的位置不容另一个物体再占据。论中此例句宗法为"恒常"，恒常之物有虚空和极微等，虚空是胜论实句义之一，如前已说；但极微需要略加解释。极微也是胜论学说的内容，胜论认为这是物质世界的基本组成单元。极微的体量极小，但仍占有一定位置。两个极微不可以占据同一位置，故其中之一对于另一极微是有质碍的。极微说可以说是胜论派的原子理论。就《入论》中此处例句而言，"无质碍"之因在宗同品"虚空"上有，而在"极微"之上不存。再从"恒常"的异品范围看，它包含了如瓶罐和喜乐在内的非恒常之异品，而"无质碍"之因性于喜乐上有，因为喜乐仅是心理感受，当然不占据空间；但于瓶罐上，不能说是没有质碍性的。

此处之不定因过，若九句因中属第九句。例句中各项概念的包含关系见附图：

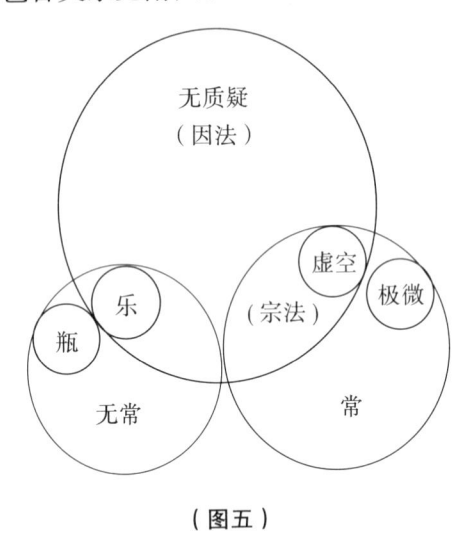

（图五）

其理由"无质碍"之所以成谬，在于它违背了正因标准的第三相"异品遍无性"，宗异品中有一部分混入了是因法性。结果，虽然有同法喻如"虚空"显示有因法者必然有宗法，以此处为例，即虽有"无质碍者可见其恒常"，但却也有异法喻不能成立的毛病，即无从断定若无宗法定无因法。

从图五起码不能说"诸无常者,见彼质碍",因为至少有"乐等"的感受是既"无常"又有"无质碍"性的。这就说明,以"无质碍"的因性来证明声音是"常"或"无常"都不可靠不确定。既然同样的理由可以证明两个相反的命题,此理由就不能决定正智,就是似是而非的不定因。

《大疏》中据此理由增补了他比量和自比量的"俱品一分转"过失例句:

大乘师对萨婆多立他比量:"你们所主张的命根并非异时而熟的,因为并非识的缘故,如雷电一样。"("汝之命根非是异熟,以许非识故,如许电等。")

此处宗法为"非异时而熟",同品则为非业果之五蕴无为法等,"非识"的理由(因法)在雷电上有,但在作同品的除色蕴之外的其他心心所法上没有;但在作宗异品的业果五蕴上,"非识"因在心识等上不存(心识当然不是"非识"的),但于眼根等之上却有,所以"异品遍无"的法则混淆了,因法也部分地存于宗异品上。

又如,萨婆多对大乘师立自比量:"我主张之命根是异时而熟的,非识的缘故。"("我许之命根是异熟,以许非识故。")这里的过失根源与上边的他比量例句一样,也就是立敌双方调换位置而已。读者试自行分析。

原典

相违决定者,如立宗言,声是无常,所作性故,譬如瓶等;有立声常,所闻性故,譬如声性。此二皆是犹豫因故,俱名不定。

译文

两个正相反对的论证不能判定,比如说成立论证"声音是非恒常的,造作而生的缘故,譬如瓶罐等"。又有成立论证说"声音是恒常的,由于所听闻的缘故,如声性"。这两个理由都是犹豫不定的,所以都叫不确定因。

解说

前面所说的五种不确定理由,犯过的根源都在于理由在宗同品上缺无,或在宗异品上有。正因的三相指标,后两条专管因之属性在宗同品和宗异品上的分存情况,只要"同无异有",无论宗异品上之因是遍有还是部分有,一律成过。

此处的"相违决定"过失并不在九句因中,说起来它的理由也都是三相俱足的,是各自决定的。试将《入论》中两个例句列如下：

胜论师对声论：

宗：声无常。

因：所作性故。

同喻：如瓶。

声论师对胜论：

宗：声常。

因：所闻性故。

同喻：如声性。

两个论式都是三支圆满，因喻具正。既然此相违决定过失被放到似因当中，我们先从因的角度来看。此两个论证式中，"所作性"与"所闻性"之因，联系立敌双方之言，不能不说都是正当圆满的，但它们却成就了刚好相反的论题，所以窥基说它们"各自决定，成相违之宗……相违之决定，决定成相违"。相违的是论题之宗，它们势均力敌，胜负莫辨，为此立论敌证各执一端，莫衷一是，难有决定智生。

二难之中不免犹豫疑惑，故此处所言之不确定论式并非形式逻辑。它与西方哲圣康德提出的二律背反极相似。康德认为，理性若要把握本体，就难免陷入自相矛盾。而在佛教因明家眼中，虽将此过放入不定似因讲解，但它成过的根源还是成立相违之宗的两家各自坚持本宗教理学说才造成的。

两个论式一前一后，相违而令人无从决定。前者是"所违量"，后者是"能违量"。"声无常，所作性故"之所违宗，我们无须再析；而"声常，所闻性故，如声性"作为能违量，旨在否定前宗。此"所闻性"因遍是宗法，完全为有法"声"领有，第一相满足。但前曾述不共不定因过，当时指出因法不应与宗有法外延相等，具体说应该是因法宽于有法，不然，一经除宗有法，便无因同品可譬举，也就无同法喻可证明"同品定有性"的原理了。既然第二相不满足，读者会怀疑此处能违量犯有"不共不定"之过失，故此证式不能成立。

但这里有一具体背景，它是声生论与胜论之间的论争。声生论者认为声音之所以永恒，在于声音生起之前已别有永恒声性存在，声性与声音均有所闻性，故声性堪充宗同品及因同品；对于胜论来说，声性即声音的特殊性，亦即同异性，此同异性规定声之特质，使其区别于别的事物。

至于声音，在胜论范畴之中，属于德句义。笼统而言，胜论与声生论都可以同意声音与声性是两体，两个东西，因而可以同意声性来充当宗同品及因同品，充当同法喻依。因而此能违量并未犯"不共不定"的过失。

那么到底此两个论式，一成"声常"一成"声无常"，孰对孰错呢？古因明家已经发现这种令人困惑的类似问题，也觉得不好判定正误。他们最终提出的标准是"如杀迟棋，后下为胜"。谁立量在后，谁有道理。但此两个论式谁先谁后是可变动的，仍然可以引起两宗相违无法决断的二难境地。按陈那菩萨的说法，两个论式都不正当，应该在它们之外去寻求答案，更有说服力和依据性的是现量和圣教量。

陈那于《正理门论》中说："又于此中现教力胜，故应依此思求决定。"前者直接回溯到最根本的知识途径上，从知识本源来纠正语言逻辑中的疑难；后者则以自宗的诸大师亲身体验及所总结的学说原则为判别标准。这两条依据——现量与圣教量——都不是教条主义的，因为它们最终是以知识的直接根源为根据的。

无论如何，应该避免正相反对的论证式中出现这种各有正当的三相特征的理由。由于"相违决定"说到底，并非由于理由本质上的缺陷所致，所以列入因过终究不合适。以后陈那再传弟子法称便取消了这一过失。但若依据《因明大疏》，相违决定过失颇为繁复，竟有十四种之多。今姑举"他相违决定"与"自相违决定"两种，"共相违决定"例句则如本论上面所示：

如大乘对萨婆多立破斥量："汝无表色定非实色，许无对故，如心心所。"而萨婆多派设量自救："我无表色定是实色,许色性故,如许色声。"这一相违决定称"他相违决定"。前立为他比量,后所立自救量与前者决定相违。反过来,若萨婆多先立自比量"我无对色是实色,许色性故,如许色声等";而大乘立"汝无表色定非实色,许无对故,如心心所",便成"自相违决定"。

"无表色"指无显表之色;"有对无对"指是否有眼根与其相对应。"他相违决定"之"他"以先所成立之他比量为准,后之自救量与之对峙不下,因为各有三相正因。若先所作为自比量,后所作意在破斥之量与之相决不下,便成"自相违决定"。

原典

相违有四:谓法自性相违因,法差别相违因,有法自相相违因,有法差别相违因等。

译文

(造成理由与所欲证明的论题)相违的因有四种:理由与论题谓辞的字面意义相冲突;与论题谓辞的暗许含义相冲突;与论题主辞的字面意义相冲突;与论题主辞的暗许含义相冲突。

解说

这一大段讲"似因"之第三部分,即相违因。玄奘此处所译之"法"及"有法"分别指宗上的谓辞和主辞,如前所说,此法和有法又可视情况分别指先陈(前陈)和后陈等。"有法自相"、"有法差别"等当中的"自相"、"差别"在本书开头辨体义区分时已经说过。自相也称自性,依因明家的说法,"诸法自相,唯局自体,不通他上,名为自性";而差别呢,"贯通他上诸法差别义"即是。

据此,我们将自性差别理解为个别和一般、种概念与属概念的关系;从语法结构上,自相差别又可以转为前后陈关系,即主谓关系;从语义角度看,自性差别强调了名言的表面意义和隐含意义。在讲解相违因的这一大段中,自性差别主要是最后一层的区别含义,即字面和语辞内涵的区别意义,因明家分别称为言陈(语言所表)和意许(意中所许)两者。但任何概念,除去其名词形式所表达者,可以含众多差别义,是否一切差别义均与四种相违有关呢?《大疏》否认这种说法,认为这里的差别义只涉及有法和法上意中所许所诤,并且与因所欲成立的目的相关。

《大疏》卷七说:"凡二差别名相违者,非法有法上除言陈余一切义皆是差别，要是两宗各各随应因所成立，意之所许所诤别义，方名差别。"统说起来，"四相违过"便是立量者所示之因或与宗上有法，或与宗法二者的自相或差别产生冲突，结果因所能成立的恰好与所欲成立的宗相违。

一般人说话，总是希望表达准确，这首先要求概念明确，语言通顺。因明主要用于论诤，要申明自己的主张，驳斥他人的见解，这就具有很强的明显功利性。为达到取胜的目的，因明立量中难免有人偏偏采取"差别义"，故意用词含混淆人视听。将一个如果明白说出来就会遭到拒绝和指责的概念换为一个表面形式上双方均可接受的名言。

例如，佛家是坚决主张无我的，而数论是主张神我的。数论要对佛弟子立量，必不能采用灵魂我的概念，否则开口即犯过。因为，依据因明规则，论式中使用的任何概念都应该是"共许极成"的，理论上说，所有概念都服从共同的定义，在内涵与外延上，立敌双方不应有任何分歧。

所以，《入论》前面才说"此中宗者，谓极成有法，极成能别"。也才说，成共比量应有共许因。后面这一条实际等于说，如果出于特别目的，要显示自比量和他比量，只要公开声明"自许"、"汝执"等，也便不算过失。

但因明中犯相违过的情况，往往是立量人明知不可以共比量形式立论，又不甘心说自己表达的是他比量或自比量，因而借不合格的共比量蒙混过关。

仍以数论为例，既然不能用"我"立论，那就换用"他"吧，殊不知此"他"已有两重含义，一是借指第三者，为方便而施设之名，一则指灵魂性的人格主体。这后一含义在佛家是断不会接受的。数论所以要以"他"代"我"，目的也就在于使敌证一方接受"神我"。

任一名言概念，可以用作主辞（先陈），亦可用作谓辞（后陈）。如果依其字面意义使用，在主辞则成"有法自相"，在谓辞则为"法自相"，此处的"法"，指"宗法"，即"有法之法"；如果言语当中暗许了明白道出必为敌证方抗议的内容，在主辞则有"有法差别"，在谓辞称"法差别"。但凡论式中所举理由与自相和差别的四种之任一相违，则会"违害宗义，返成异品"。这样的理由便称"相违因"。

原典

此中法自相相违因者，如说声常，所作性故，或勤勇无间所发性故。此因唯于异品中有，是故相违。

译文

这里所说的与论题谓辞字面意义相冲突的理由,比如说"声音是恒常存在的,造作而生的缘故,或者是凭意志当下发出的缘故"。这个理由只在宗异品上存有,从而有了歧义。

解说

"法自相相违因"的过失在九句因中第四句,简称为"同无异有",即作为理由之因法在宗同品上根本不存,反而遍有于宗异品上。出因是为了成宗。三相圆足之因才能成宗。而现在,欲以成宗的理由在后二相上,即"同品定有、异品遍无"上正相反对,该有的没有,不该有的遍有。这种理由不仅不能成立立论人的主张,反而成就了他所欲成立的主张的相反命题。

《入论》在这里分别以声生论和声显论所立二量为例:

声生论说:"声常,所作性故。"声显论说:"声常,勤勇无间所发故。"就声生论言,"所作性"之因在宗同品"虚空"之上没有(虚空并非造作而成),而异品"瓶罐"上恰恰有。这样的理由便是相违因,它不仅未做到"同品定有，异品遍无"，反而是"同品遍无，异品定有"。这样的理由所能成就者，当然不是原来的命题之宗，而是与它相反的"相违宗"。为了揭示这种理由的荒谬而不能成立，便需要另行组织论式，以说明该理由成宗，只会收到事与愿违的结果。两个论式相对峙，前一个称"所违量"，后一个出过的论式则称"能违量"。

这里的能违量应该是"声无常，所作性故"。对于宗法"无常"来说，同品异品恰好是前宗所违量的异品同品，故能违量中同样一个理由成为三相俱足的正因，完全符合九句因中之第二句正因。

再以声显论所立之所违量为例，其因"勤勇无间所发"在宗同品上丝毫不见，凡所能举的恒常之物"虚空"之类都不是意志所作；相反，宗异品雷电、瓶罐之上，倒部分地有意志所发动的属性。因此声显论所出示的成宗理由也完全是无效的，真用以成宗，只会成就相反之宗，即成就"返宗"。所以，能违量所显示的恰恰是"声无常，勤勇无间所发性故"。由于此能违量中，宗法之同品与异品又同所违量之同品异品调了个儿，前者之"同"在后者翻为"异"，前者之"异"在后者翻为"同"。理由刚巧成了符合九句因中第八句的正因。

这种现象，依窥基的看法，是由于采用了相违法来作理由，因而只能成立相违之宗。《大疏》讲："相违因义者，谓两宗相返……不改他因，能令立者宗成相违……因得果名，名相违也。"

就四相违中此过言，是指理由与宗法相违，只能成就"返宗"的相反命题。

于此应当另作几点辩明。首先，相违因与比量相违不同。试看"比量相违"例句"瓶等是常"，再看"法自相相违"例句"声常，所作性故"。此两个例子间的差别在于：前者是宗过，属于论题方面的过失。若坚持此主张，势必无从寻因。后者是因过，因有邪谬不能成立论题之宗。宗有正邪之分，只要宗正，因过可以得到纠正，另寻一正因即可证宗。

其次，相违因又与相违决定不同。相违决定指两宗对峙，又各各具有三相正因，故使闻者困惑，无从引生决定正解。相违因的场合，敌证一方可以"不改他因"，即仍以前量之因别出一量，驳斥前所成立之主张，成就一个正相反对的主张。如胜论之驳斥声生论：

声生之所违量："声常（宗），所作性故（因），如空（同喻），如瓶（异喻）。"

胜论之能违量："声无常（宗），所作性故（因），如瓶（同喻），如空（异喻）。"

由比较可以得知，相违决定的两个量采用了不同的两个理由；而发生相违因时，能违量所使用的仍是所违量的理由，仅仅是喻作了调整，能违量之同喻异喻是由所违量的同喻异喻翻转过来。"虚空"之为喻，在前量为同喻，在后量则为异喻；"瓶"之为喻，也是翻转后使用的。

另外，相违决定当中两宗俱邪，而相违因之前后两宗，前邪后正。还有一点，相违决定过失不在九句因中，形式上其因三相正当无过；而相违因过在九句因中名列第四、第六句，恰好与九句因之第二、第八句正因相反。

原典

法差别相违因者，如说眼等必为他用，积聚性故，如卧具等。此因如能成立眼等必为他用，如是亦能成立所立法差别相违积聚他用，诸卧具等为积聚他所受用故。

译文

与论题暗许含义相冲突的理由，比如说"眼睛等必然是他所受用的（器官），由于具有积聚性，比如像卧具等（器物）"。这个理由如果可以成立"眼睛等必然为他所受用"，那么，依据同样道理，也可以成立与论题谓辞暗许含义相反对的"为积聚他所受用",因为卧具这些东西也是为积聚之他所受用的。

解说

前述之法自相相违因还比较容易理解。只要借助与九句因中或正当或邪谬的二、八两句及一、三、五、七等四句作比较和参考,完全可以从形式上分辨把握。从本句"法差别相违因"开始,由于对例句中论题不熟悉,由于这些论议主张涉及了印度古代哲学中胜论和数论的学说,加之汉译名辞年代久远,时过境迁,多已不是我们今天乍看去的意谓,理解上难免增添困难。但读者亦可严格遵照因明形式要求,依据因法与宗同异品的关系严加考核,这样,即令不钻牛角尖也可以作出判断,发现各项相违因谬误的根源。

佛教因明家列出法自相相违因过之外的三种相违,目的主要是针对胜论与数论的主张声明出过(显示其错误)。

法差别相违因过与前一例中法自相相违因过一样,毛病都在于宗同品与宗异品之上的存在状况与正因的要求适成反对,该有的没有,该无的又不无。所不同者,仅在于前例当中,因法所成就者不是宗法自相,而是其自相的反对概念。因作为能立法不能成所立法，只能成就所立法的负面。本欲成"声常"之宗，结果反倒成立了"声无常"的返宗；此处之法差别相违过，因法并不与宗法字面含义冲突，而与立宗人暗藏在宗法中的私下所许意义相矛盾。

《入论》于此过所举例，系数论对佛家所立量。"眼等必为他用"是宗，"积聚性故"是因，"如卧具等"是同喻依。立论者自然在喻依之上蕴含了所欲成立的喻体之一般性原则——"凡积聚性者必能为他用。"数论所以立此量，意在申明其对"神我"的坚强信念。但他们又不能直截了当地打出旗帜，公开说神我的范畴是实在的实存的。若真如此立宗，除非加上简别语"自许"之类，否则犯有所别不极成过失；但若冠以"自许"字样，则此量已是自比量，至多自许他不许，对如佛弟子这样的敌证者是没有约束力的。

对此，数论又不甘心，于是便作这样的考虑，佛家你既不承认"我"，那我便用"他"好了。此"他"一开始就有些含混其辞，既可指假我，又可指神我，仅仅是字面形式上换了一个"他"而已。假我，就是在佛家也可以随世俗而以为有，它是诸蕴聚合而成的，因缘而有，缘散还无，并无最终实在性。神我则不然，在数论眼中，它是永恒不灭之精神实体。

数论的神我与自性和自性所转化的二十三谛形成对待关系。整个说来自性及其所转化的二十三谛是为了神我的受用。神我是不变者不生者，是享用者。它以受三德支配的原初物质（自性）所变化出来的种种现象为认识对象。

依据数论说明神我的理由，《数论颂》（第十七章）说："（神我之所以存在）是因为一切复合者是为了他人的目的；因为必然缺少三德和别的性质；因为必定有控制；因为必定有一个能经验者；因为有力求解脱和最上福乐的行动。"数论派认为，这些道理显而易见。

首先，桌椅床席这些坐卧之具都是积聚而成的东西，它们当然不能自己享用自己，必然是为使他人得享受才存在的。那么整个世界的存在是为了谁呢？不能设想，世界的存在竟然没有目的，竟然是为存在而存在。这是非常强烈的设计论和目的论的观点。

其次，只有物质性的从自性原初物质流出的东西才受三德（三种基本性质）的支配，而作为不变实体的神我恰好没有三德。受用者不含三德，因为它永远是主动的、不受支配的。

最后，与受用义相近的数论还坚持神我的控制地位。世界存在是为了神我，神我是支配者、受用者；与此相类似，神我也就是世界的经验者，是摆脱世间物质缺陷、离苦而求道德快乐的主体。

掌握法差别相违所涉及的思想背景，我们只需要注意两个基本点，便可以了解此相违过生出的原因。第一，一切积聚（聚合）而成的东西必然不是为了自己。第二，神我在数论的所违量中已经换成了"他"。而此"他"表面上可指方便假设的存在者，指同样是聚合而成的假他。但骨子里，数论暗含了精神实体神我的差别义。

佛家虽不同意神我，但对五蕴聚合的虚假主体性是可以首肯的。这样，关于"他"这一概念，表面上似乎可以达成共许极成的能别了。但佛家了解数论何以要不辞辛劳，如此迂回，以掩盖矛盾？佛家一针见血地道出了能立因法与所立宗法差别义的不兼容性。

他说，你数论师说的积聚性理由，如果可以证明眼等必为他用，那它同样可以成立所立法"为他用"之上的差别义，即"为积聚他用"的能违量。结果，并未像数论希望地成就了神我，反而成就了非神我的"积聚他"。

这里佛家坚持要在数论的"他"之前加上"积聚"的限定语。原本的"他"外延范围便大大缩小，"神我"这样的"非积聚他"便给排斥出来了。佛家认为数论出示的"积聚性故"因，至多可以成就"眼睛等这样的积聚物是由积聚他所享用的",但这已经不是数论所违量的初衷了。

以同样的理由显示所违量中的过失,成立与所违量相反之宗题,正是相违因特有的可能性。此即所谓"不改他因,能令立者宗成相违。与相违法而为因,名相违因"。(《大疏》卷七)

原典

有法自相相违因者,如说有性非实非德非业,有一实故,有德业故,如同异性。此因如能成遮实等,如是亦能成遮有性,俱决定故。

译文

与论题主辞字面意义相冲突的理由,比如说"有性非实体、非属性、非运动,由于它能使一一实体存在,能使一一属性存在,能使一一运动存在,就像同异性的范畴一样"。此(能使一一实体等存在的)理由如果可以完成(有性)并非实体的证明,同样也就能够证明有性并非有性,(对这两个论题)此理由同样都是可以确定成立的。

解说

《入论》于此解说第三种相违因，名"有法自相相违因"，亦即我们所说的"与论题中主辞字面意义相矛盾的理由"。虽然我们也说"有法自相"或"主辞字面意义"，但实际上该自相只是名称上说保持自相，骨子里说，仍不免有双重含义。既有双重含义，整个三支论式便有了四个名词。若比附西方亚氏逻辑，任何三段论推理中，若有四个词项，必然属谬误的推理。

《入论》于此举的"有性非实"之有法"有性"显然含有两种含义。实际上在一个字面之下可作两种解释。故而有一个意义是立论人主张而敌证一方不同意的。立论人不过借自相概念的含混，偷运这一自许他不许的内容而已。

切入正题之前，先就胜论哲学介绍一下背景。前面讲过了，胜论一派所主张的基本哲学，有极微说、六句义论等。所谓六句义论，指世界最终可束为六大范畴。"句义"便是我们今日所谓的"范畴"。

此六句义为实（实体）、德（属性）、业（运动）、同（普遍性）、异（特殊性）、和合（内属性）。实体是物质性的，世间一切现象说到底，应该是物质本体的表现，德、业、和合、同、异等则无不以实为基础。"德"

之属性范畴，指一切只能依附于实体并且不可以再领有别的属性的东西。"业"这个范畴的唯一特征和作用是"离合"。"同"之普遍性是使宇宙万物具有共同性或普遍本质的原因。"异"这一特殊性范畴则使万物各各具有自身特征并相互区别开来。"和合"的性质是全体与部分以及性质属性或运动依于实体的关系基础。

这些理论从常识上看，都可以接受。但有一点，胜论哲学认为所有范畴概念都是实有的。六句义在胜论师眼中并不是思维在认识事物过程中抽象出来的观念形式的东西，而是独立地存在于世界当中的实在者。这一点是令人费解的。以水牛和黄牛的相似为例，这是由于有了普遍性范畴的规定，有了牛性，才有水牛黄牛的共同性；也由于有特殊性范畴的结果，才有水牛性和黄牛性。

胜论的观念当中，牛性、黄牛性与水牛性都是实实在在地客观存有的。这种过分的实在主义态度在古印度是很普通的。除胜论外，正理派也作这样的主张。以上的说法出自《胜论经》。

六句义学说在汉译经典中，如《广百论》《十句义论》中略有不同。《因明大疏》在释胜宗学说时，将"同"与"异"两句义合到一起，称"同异性"，另外开出了一个"有性"或"大有"，从而六句义便列为：实、体、业、有、同异、和合。

同异性范畴是从任一事物上去看它与别的事物的不同与共同之处的依据。全赖有同异性这东西，水牛才与黄牛"同"，而与骡马"异"；凡动物自身之间才有"同"，并且与植物相区别。同异可推至两个极端，这便是最高的"同"与最低的"异"，前者为只同不异的大同；后者为极端的异。

世间一切事物，无论其真实与否，有体与否，若追寻其共同之点，只有其相对于思维的存在性，根本不会有的东西，龟毛兔角镜花水月都可以在思想中存在。从绝对的存在意义上说，此大同也即大有，也即能使一切存在物得以存在的有性范畴。

同异性的另一极端，胜论也称"边异性"，意谓越出此特异边缘，事物也便丧失了最特殊的个性，丧失了自身的存在。依据胜论哲学背景，我们来看《入论》为"有法自相相违因"所举的例句："有性非实非德非业，有一实故，有德业故，如同异性。"这里实则含有三个类似的比量，若分开来显示，应为：

宗：有性非实，
因：有一实故，
喻：如同异性。
宗：有性非德，

因：有一德故，

喻：如同异性。

宗：有性非业，

因：有一业故，

喻：如同异性。

相传胜论祖师鸺鹠对其衣钵弟子五顶讲解六句义论时便成立了这三个量，以说明大有范畴使实德业实有而不无，同异性则使实德业既同且异，和合性也使实德业三者有其内在的联系。有性（即大有性）与同异及和合都作用于一一的实德业，但它们自身又不仅仅是在实德业之上借以体现而已，它们自身便是别有于一一实德业之外的，实有其体的存在者。

当初鸺鹠对五顶讲授本宗学说时，五顶对于实德业不曾有什么疑惑。当鸺鹠言及大有性时，五顶颇不以为然，他想：实德业的存在自然自尔，其共同的存在特性是借实德业三者都确实存有，不是空无的才得以体现。这样我们才揣想，有有性这东西，但是不是有必要另立一个大有，由它将存在性赋予实德业等呢？至此，鸺鹠只好把有性放到一边，先谈同异性及和合性。五顶对这两点倒觉得没什么不合理，他认为和合性与同异性可以在一一实德业之外别有而不无。

于是，鸺鹠又倒回来成立了上面的三个比量，以证明他主张的有性的独立存在性。

我们以第一量"有性非实,有一实故,如同异性"来看,此量中间的宗上有法(即论题的主辞)"有性",在字面上说,只是使别一事物成为实在的性能。鸺鹠的意思,有性是能有,是存在性的施予者;而世间的一一实体属性运动等是所有,是存在性的接受者。有性既是最高的存在范畴,它便不可能再接受别的施予,即不可能因为别一存在者的作用才存在,它是存在者、使在者、自在者。

鸺鹠的论题本身潜藏着一个武断的背景前提:世间必然有六个实在性的范畴,只要否定了有性并非实体、属性、运动三者,就像和合性和同异性一样,那么有性的独立实在便成立了。实际上,当论证尚未展开之时,鸺鹠便先肯定了有性是实存而有体的。

至于从形式上看,鸺鹠的"有性非实,有一实故"也可以得到一个看来说得过去的大前提:凡能有于一一实体的(即赋予一一实体存在特性的),它自身必不会是具体个别的实体。能有于实体者必然是自有者,而作为具体的实在者必不能有于别他。此处的"有于"之"有"指"赋实在性于某某"的意思。总之,能有者为自有,受有者必非能有。

"有性非实"在上面的意义上讲是对的。同样可以依据这种思路，断定"有性非德"、"有性非业"。但有性真的不是这三者（实德业），大概还不能从正面就宣称它是什么。说A不是B，不是C，并不等于说它就是D，除非我们预先规定了A必然是B、C、D中之一。鸺鹠这里实际上依赖的是预期理由。

具体地说，"有性"或"大有"之"有"，如果依据鸺鹠的意思，理解为"非实"，那么它有两种含义：一是即实之有，有性虽不是一一实体，但有性的存在可以通过一一实体并非空无而抽象出来，此"即实有性"可看作观念上存有的；另外，它也可以释为"离实之有"，即它是独立实存的真实者。从语言形式上看，"非实"、"非德"、"非业"的东西可以是"离实的有性"和"即实的有性"而并不矛盾。

鸺鹠对五顶立量时，若明确说他的有性是"离实有性"的话，则对五顶说来，这是自有他无的有性，如果以此"有性"概念立共比量，宗犯所别不极成过；如果承认立的只是自比量，五顶又不能因此就接受有性离实而存在的性格，这也是鸺鹠不甘心的。所以，他故意采取了一个可作两解的"有性"有法，借"不无即有"的"有性"掩盖"离实而有"的真正意图。前者尚可以为立论敌证双方共许，后者则是立论人的自有他无所别义。这是"有法自相相违"的潜在背景。

陈那菩萨创立新因明时，对于以往的因明论式进行了批判性的清理工作。佛教方面除了不同意胜论的"有性"或"大有"范畴，还从逻辑上发掘了鸲鹠立此量的过失。陈那发现，由于有法概念未获明确界定，结果此有法自相本身也可以同理由冲突，因而，鸲鹠本想据以成宗的因同样可以证成返宗。但这里的"返宗"之"返"，并非落在后陈能别之法上，即因并不与论题谓辞冲突，而是与主辞相抵触。虽然此处因成返宗，"返"在主辞上，但为显示这种矛盾性，仍不能不在语言形式上将主辞的差别义以谓辞陈说出来。

陈那提出了"有性非有性"的能违宗，将前宗有法"有性"概念上隐藏的过失揭发出来。于是前所违量上的所别转为后面能违量的能别。至于作理由的因法，仍为"有一实故"等。说"有性非有性"，很像有自语相违过。但前面已经说了，既然胜论祖师的"有性"是自相形式隐含差别义，这里陈那也就严格地保持自相形式，未将隐含意义表面化、明显化，作出了"有性非有性"的论题。

其实，此论题上，前一"有性"为能令——诸实不无的"有性"，后边的"有性"则是鸲鹠所执的离实别有之"有性"。因此，若不考虑维持有法自相，明白表述出因与有法差别义的矛盾，则应将"有性非有性"表述为"能令不无之有性并非离实之有性"。

依据因明原则,陈那立以驳斥鸺鹠原立量的能违量在形式上说,是正当而无过的。此能违量中说:"此因如能成遮实等,如是亦能成遮有性,俱决定故。""遮"可以理解为"否定"义,同样的理由,如果可以否定是实德业等,则也可以确定无误地否定即实不无的有性竟会是离实别存之有性。此能违量的形式为:"有性非有性,有实故,如同异性。"这当中,"非有性"是宗法,同品有如"同异性",同异性能"有于一一实体",且"非有性",同品定有性之正因第二相获满足;"非有性"之异品是"有性",除了"有性"之外,宗异品类别无可寻,宗异品不成,异喻依便举不出。

因明中异喻依正常缺无可以无过,只要异喻体不被证伪即可。如此看来,"有一实"之因三相圆足。形式上说,能违宗的"有性非有性"完全可以成立。

由于前面花了很大篇幅来讲有法自相上的含混,这里不得不重申一句,以免误会。"有法自相相违因"是因过而非宗过。新因明家列出此过是为了显示,有这么一类因,虽然可以在形式上成立某些论题,但这类命题的主辞或谓辞的字面上就容许了对概念同一性的违背,这种情况之下,因作为理由同样是与有法或法的自相冲突的。一方在所违量中以此因成立此宗,另一方则可在能违量中仍以此因否定此宗上的有法自相，从而也就否定了立论人当初语辞含混的概念本身。

原典

有法差别相违因者，如即此因，即于前宗有法差别作有缘性，亦能成立与此相违作非有缘性，如遮实等，俱决定故。

译文

与论题主辞暗许含义相冲突的理由，如果就用（"能使——实体存在的缘故"）这个理由，并且使前一论题中主辞的暗许含义为"有缘性"，那么也能证明与此（主辞之暗许含义）相反的"非有缘性"，如同此因可以否定（有性）是实体（属性、运动）等一样，（它也可以否定大有有缘性）对两方面都是有确定证明力的。

解说

"有法差别相违因"，指的是理由与宗有法上立论人意中暗许的含义产生冲突的过失，冲突的结果导致理由对暗许含义的否定。此过与前一"有法自相相违因"过极类似，所不同者，前过中有法字面上尚维持"有性"或"大有性"的自相，而此过中，有法更进一步意许了"有缘性"的内涵，即是说，"有性"不再像前过中，仅局于"有性"自相，而含有"有缘性"的差别意许。相应地，"有一实，有一德，有一业"的因所冲突所否定的也就进了一层，不再是对有法自相而言，而是针对"大有有缘性"了。

什么叫"有缘性"呢？《大疏》说："有缘即境。"境，指的是相对于我们认知活动的对象。在胜论方面，此"有缘性"应是实有其境的存在者。"有缘性"的另一层含义是说，大有将存在性赋予一一的实德业，实德业等皆以大有为缘。

《入论》在此没有重说胜论方面的立量，但它仍然是"有性非实非德非业，有一实故，有一德故，有一业故，如同异性"。不过，有法的差别义是说，"有性"不只是"不无之有"之外的"离实离德离业"的别有实体，而更是"一切实德业皆以之为缘的实有其体的有性"，亦即"大有有缘性"。

陈那若立量破斥胜论意许的"大有有缘性"，攻击的目标便不限于"有性"自相，而进一步指向了此"有性"之下，立论人暗中所许的能赋予一切存在者以存在性的功能。就是说，此能违量若成立，所明白显示的便不再只是能立因法与宗上有法的字面冲突，而是与"有性"自相所掩盖的"大有有缘性"的冲突。此能违量即："有性非大有有缘性，有一实故，有德业故，如同异性。"前宗之有法在此仍为有法，前宗之有法差别义在此已被明白揭出，做成宗上能别。此能违量形式上看，也是正当无过的。

首先，宗法，即能别"非大有有缘性"同样以同异性作宗同品，同异性能"有于一一实"等，且同异性又"非大有有缘性"，依据同理，能"有于一一实"等的有性，也就是"非大有有缘性"此论式中，"非大有有缘性"没有宗异品，从而也就没有异喻依可寻，但异喻体仍可成立。故而，以"有一实故，有德业故"之因成立"有性非大有有缘性"宗也可以算"因喻俱正"。此因所决定成立的正好是前宗"有性非实"之下掩盖的差别义，故此因称"有法差别相违因"。

原典

已说似因，当说似喻。似同法喻有其五种：一能立法不成，二所立法不成，三俱不成，四无合，五倒合。

似异法喻亦有五种：一所立不遣，二能立不遣，三俱不遣，四不离，五倒离。

译文

以上讲过了虚假的理由，接下来应当讲虚假的喻证。虚假的肯定性喻证有五种：一、（其上）没有理由（之能立法）的；二、（其上）没有论题谓词所指（所立法）的；三、（其上）没有能立法与所立法两者的；四、能立法与所立法缺乏总结性联系的；五、能立法与所立法在判断联系中的主谓秩序颠倒的。虚假的否定性喻证也有五种：一、所立法未给排除的；二、能立法未给排除的；三、所立法与能立法均未排除的；四、所立法与能立法缺乏否定性的总结联系的；五、所立法与能立法在否定性的判断联系中主谓秩序颠倒的。

解说

似能立这一大部分中，对似宗似因已经分说完毕。这里开始讲似能立中的第三部分似喻。似喻分为"似同法喻"和"似异法喻"。前已说过，"同法"、"异法"之"法"可看作虚衍，"似同法喻"即"似同喻","似异法喻"亦即"似异喻"。但窥基是将"同法喻"中的"同"看作"宗同品",而将"法"看作"因同品"的。因此,宗因二同品的汇合处便是"同喻"或"同法喻"了。

喻证,可以分为喻依(具体例证)和喻体(因法及宗法所成之一般原则)两者。其实喻体便是相当于亚氏逻辑大前提的部分,它表明了中词与大词的判断关系。就因明论式言,似是而非的喻证可能源于喻依,也可能源于喻体。喻依有毛病属于举例不当;喻体有过则因为弄错了能立因法与所立宗法在判断中的关系。《入论》详尽搜寻喻证方面出现的谬误可能,分别就同喻和异喻各列了五种喻过。

同喻的原则也便是陈那在《正理门论》中说的"说因宗所随"的法式。作为一个全称命题判断,主辞为因,即能立法或中词,谓辞是宗法,即所立法或大词。因法在前,宗法在后,是为了保证两概念在判断中的正确种属关系,即因法概念的外延始终是周延的,宗法的外延范围总大于因法范围。如此才能保证因法作为正因的后两相"同有异无"得以满足。以三段论推理形式而言,只有中词被包含于大词外延范围内,中词才能是周延的,而三段论推理规则之中有一条:要求中词在一个推论式中,至少周延一次,否则,此推理必不合法。

但就因明论式中有法及因法（此即小词和中词）的关系而言，因的第一相"遍是宗法性"实际上只能表述为全称肯定判断，因此有法概念小词是周延的，而因法（中词）已不周延，因为它在第一相所显示的判断当中只是谓辞；其至少应有一次满足的周延性，只有靠因之后两相来检验。这就意味着，因法在后二相当中，只能处于被宗法（大词）所包含，所遍充的地位。它必须能满足这样的条件，即：一切因法（中词）都是宗法（大词），但允许部分宗法不是因法。

以我们已习惯的"声无常，所作性故"为例，这里的因法与宗法在喻体中应该如此联结：一切"所作"皆是"无常"，但允许部分"无常"者并非"所作"。这种情况下，"所作"的概念范围才是周延的。

同喻中错误有五种。前三种在喻依方面，即论者举以证明宗法与因法相结合的例子，作为实例的事物上或者有宗法而无因法，或者有因法而无宗法，更有宗法因法均不见的。这三种实例当然不能说明宗法与因法的联结关系。这些都是能立法与所立法的不相关。

同喻过的后两种属喻体方面，其毛病或者是对能立因法与所立宗法的不可分关系未加陈述，或者虽然也有陈述，但却说倒了，结果因法因为未作为喻体原则判断中的主辞，成为不周延的概念，引起了对正因三相之后二条特征的歪曲。

关于虚假的异法喻,《入论》也同样列有五种,前三种属于异喻依上的,过失多半源于所举作为异喻依的实例上并未干净彻底地排除宗同品或因同品,甚至两者都未排除。《入论》中玄奘译的"能立不遣"、"所立不遣"之"遣",即是"遮遣"义,相当于我们现在说的"否定"或"排斥"、"排除"等。虚假的异喻之末两种也是关于喻体的。

同喻体的正当法式是"说因宗所随",异喻体的正当法式则是"宗无因不有"。同喻体是因法在前,宗法在后;异喻体则应该反过来,也就是先说所立法,后说能立法。异喻中之"不离"过,指未将宗法与因法的否定性关系原则陈述出来,未将因法或因同品明确地从宗异品中排斥出去;而异喻的"倒离"过失则指的是:陈述异喻体时弄错了宗异品和因同品的前后陈述位置。例如,本应说"若是其常,见非所作"的异喻体,结果说成了"诸非所作,见彼是常"。后面说的这个异喻体当然不能作为"声是无常(宗),所作性故(因)"的论式中对理由后二相考核的结论。因为它弄反了宗异品和因同品在喻证中的关系。

原典

能立法不成者，如说声常，无质碍故，诸无质碍，见彼是常，犹如极微。然彼极微，所成立法常性是有，能成立法无质碍无，以诸极微质碍性故。

译文

（同喻依上）没有能立法的，比如说"声音是恒常存在的，由于没有障碍，一切没有障碍的都可以知道是恒常存在的，如极微那样"。但极微上虽有所立法"恒常存在性"，却没有能立法"无障碍性"，是极微有障碍性的缘故。

解说

简单地说，"能立法不成"指的是论者举出来意在说明能立之因与所立之宗必然关系的实例上，看不到因法的性质，因此这个喻证也就失去了助因成宗的目的。

以《入论》此处的例句，可知有这样的论式："声常，无质碍故，如极微。"毛病就在于这极微并不够格来说明"常"性与"无质碍"性的联系。论中例句是声论对胜论立量。我们知道,作同喻的"极微"上面虽有恒常存在性,因为依胜宗学说,作为世界物质性基本单元的极微应有永存不灭的性质。但这个极微并不具有声论当初以之为同喻而列举出来时,希望它具有的"无质碍性"。

极微虽然肉眼不可见,但凭理性和逻辑仍可断定它有空间大小,可以有障碍性,即一极微占有的空间不容另一极微再占有。汉译佛经中称胜宗极微的空间性为"方分",如《俱舍论》便如是说。物质性世界由极微所积聚而成,极微非有方分不可。若极微无方分,则体积为零,那么无论有多少极微,都无法占领空间。

极微既有方分,也就有排斥另一极微不让它共同占有同一空间的性质,是以有障碍作用。因此极微是有质碍性的。以极微作实例,便与此处本来希望显示的"无质碍性"不搭界,不相关。因此,同喻依"极微"无助因能力,便成过失。

《大疏》卷七对能立法不成分为四种,除上边已释之"能立两俱不成",尚有"能立随一不成"、"能立犹豫不成"、"能立所依不成",抄录于下,供读者参考并确定有无必要作如是分别:

能立随一不成(胜论对佛弟子):"声常,无质碍故,如业。"

《大疏》说，虽然立敌双方均不同意作为喻依的"业"是恒常的，即虽然其上并无宗法"常"性，但这里只考虑佛家不许以"业"为喻，不许能成立法"无质碍"性有，故此权算作"能立随一不成"喻过。

能立犹豫不成：

如对于雾等产生疑惑，即弄不准是烟是雾的情况下，就成立"彼处应有火，以现烟故，如厨房等"。这里据以立量的"现烟故"便有犹豫因过，因本身尚无法确定其真假。进一步如以厨房为喻依呢？由于喻上的能立因法与似因相应，有烟无烟已不能确定，所以喻也就有犹豫过。

能立所依不成（数论对佛弟子）："思受用诸法，以是神我故，如眼等根。"佛家只许有假我，不许有神我，故论式中"神我"为立许敌不许的概念，能立法已不能共许极成，与此相应，喻上的眼等根也无从依附于根本无体的神我。故此同喻上之能立法有所依不成过失。

原典

所立法不成者，谓说如觉。然一切觉，能成立法无质碍有，所成立法常住性无。以一切觉皆无常故。

译文

（同喻依上）没有所立法的，如说以"觉"这样的心理活动为同喻。但是，任何"觉"的活动（作为喻依），其上虽有能立法"无障碍性"，但并没有所立法"常住性"，因为一切"觉"的活动都是无常的。

解说

作为似同法喻的第二种，即所举出来，本欲说明能立因法与所立宗法之间必然性联系的喻依，其上并没有宗上所立法可见，实际并不能起助成因法的功能。《入论》这里仅举出同喻依"所立法不成者，谓说如觉"，而未提及宗法与因法，联系上下文，知道它仍同于"能立法不成"时的喻过背景。即：

宗：声音是恒常存在的，

因：无质碍性故，

喻：如"觉"这样的心理活动。

我们知道，一切意识活动都是无形的，当然不占空间位置，故有"无质碍性"；但"觉"又属于心所法一类，刹那而灭是其本性，谈不上任何"恒常存在性"，因而，以"觉"为同喻依，其上并无所立宗法，这是双方共同承认的。

同喻依既然不能联结因法与宗法,自然不能助因,不能说明宗上有法像此喻依一样,也是宗同品与因同品的汇合处。从而宗体,即有法所别与宗法能别所成的判断仍未达到敌证所许。这样的喻依也就是有过失的了。

《大疏》就此"所立法不成"喻过另外立有三种分别,读者请斟酌:

所立随一不成(声论对佛弟子):"声常,无质碍故,如彼极微。"对佛家来说,极微既有质碍且为无常之物,正好与声论所立量中的所立法与能立法相悖。这里仅考虑所立法这方面的有无,即说极微对佛教这方说来,其上并没有"恒常性"的所立法,故此同喻依有"所立随一不成"过。

"所立犹豫不成"喻过仍依据前面的"能立犹豫不成过"例句来看。如有立量:"彼处定应有火,以现烟故,如厨房等。"这里的要点在于记住背景,立论人甚至未弄清远处是烟呢是雾呢还是蚊蚋,便贸然立量了。由于因是犹豫因,连带着喻依也是犹豫的。如所见确实是烟,厨房才可以是宗法同品;如不过是雾,则厨房成了宗异品,故喻依能否同于宗同品和因同品颇值得怀疑。从而喻依之上的所立法也是犹豫不定的了。

"所立所依不成"喻过(数论对佛家):

宗：眼等根为神我受用，同喻：如色。此处未举出因来。此例句目的在于显示所立法于喻上没有。所立法中之"神我"为佛家绝不许，就宗过言，有能别不成过。按因明术语，此能别成为为立许敌不许的"自有他无体"，既然无体，喻依上的所立法"神我受用"便没有落脚处，故喻有"所立所依不成"过。

原典

俱不成者，复有二种：有及非有。若言如瓶，有俱不成。若说如空，对无空论，无俱不成。

译文

（同喻依上）能立法与所立法两者均没有的（情况）又可以再分为两种：（喻依）实有其体和并无其体这两种情况下的"能立法与所立法均没有"。比如说，以瓶罐为同喻依，是实有其体情况下的"能立法与所立法均没有"；而如说以虚空为同喻依，对于无虚空论者，则是并无其体情况下的"能立法与所立法均没有"。

解说

此喻过是说同喻依与能立因法及所立宗法都完全不相干。喻依上既不见宗同品也不见因同品。"俱不成"之"俱"指能立法与所立法两者。

"俱不成"有两种情况：一是同喻依虽实有其体，即立敌双方共许此喻依是真正存在的。但是在此喻依上却看不到宗同品和因同品两者，它既没有宗法性质，又没有因法性质。另外便是立敌双方均不许此喻依有体，既不认为它实存，也即否认世间有这种东西。

例如"龟毛"、"兔角"便是无体的，本来就没有这类东西的缘故。喻依既然是以具体的实例来说明能立法与所立法的联系，那它应该有体。说有体，一般便指立敌双方均许可其实有的两俱有体，若有一方不许，便成随一无体了。

回过来联系《入论》的议论看这两种情况。

有体喻能立法所立法俱不成：

宗：声常，

因：无质碍故，

喻：如瓶。

单就瓶罐这类东西来说，立敌双方不至于否认它们实有其体。但它们上边是否有"无质碍性"与"恒常性"则另当别论了。这里的喻依"瓶罐"恰恰看不到所立法与能立法的性质,它既非因同品又非宗同品,所以属于有体喻犯俱不成过。

无体喻能立法所立法俱不成:

宗:声常,

因:无质碍故,

喻:如空。

《入论》中特别说明,这是指对无空论者立量的情形下出现的过失。若胜论等派别,均主张有"虚空"的实体,并且也允许它具有"恒常性"与"无质碍性"的性质。但这里敌证一方是无空论者,他们根本不许有"虚空"这种东西,所以喻依是随一无体,随一无体喻依成就不了共比量。不过,《入论》本意还不在这里。它想说明的是:这随一无体的喻依上其实既没有"无质碍性"也没有"恒常性",所以有"俱不成"过。

读者可能会问,虚空这东西无体,可以说它没有"恒常性",但既说它无体,怎么又说它没有"无质碍性"呢?《大疏》解释说,因明立宗的方法,有两种:一种只否定而没有显表,如说没有自我,便是否认自我而已,并不另外说没有些什么,相应地,在喻上也只取否定义而已。另一种方法则是既否定也有显表的,如像说我为恒常,那么"常"是对"无常"的否定了,同时也显表有"常"这东西,相应地,在喻上也有否定和显表两种作用。以我们的理解说,既然没有虚空这东西,那么本来依赖它想表达的能立所立两种法性也就不存在了。对于无体的东西,只有否定而不能从正面显表任何东西。

除了上面说的"两俱有体俱不成"和"两俱无体俱不成"两种喻过,《大疏》依自随一、他随一、犹豫、所依四方面结合有体无体列出八种过失分别:

自随一有体俱不成(声显对胜论):

宗:瓶等无常,

因:所作性故,

喻:如声。

声显论认为声音从来就存在,因缘而显,不许它是所作而生。故以声为同喻依对立论人即有"俱不成"过。胜论方面则是允许声音由造作而生。

他随一有体俱不成过。此过例句如前,唯立敌双方调换位置,改为胜论对声显论立量。

犹豫有体俱不成:

宗:彼厨等中定有火,

因:以现烟故,

喻:如山等处。

"山等"可说有体,但因尚未辨清,究竟属烟属雾还不能确实把握,故此有体同喻依上"火"、"烟"均不一定有。

所依有体俱不成(数论对说一切有部):

宗:思是我,

因:以受用二十三谛故,

喻:如瓶盆等。

"瓶盆"之作为事物是立敌双方可以认为有体的,但因法"受用二十三谛"及宗法"我"都为佛家学说不许,在说一切有部的眼中,此因法与宗法均属自有他无体,这没有的东西当然不能依于同喻依"盆瓶"。

两俱无体俱不成(声论对胜论):

宗:声常,

因:所闻性故,

喻:如第八识。

声论与胜论师均不可能许有所谓"第八识"。以"第八识"为同喻依则堕同喻无体的过失。

自随一无体俱不成(声论对大乘师):

宗:声常,

因:所闻性故,

喻:如第八识。

立论一方绝不许有第八识之学说,自然不该以"第八识"为同喻依。此喻依为他有自无体。既是自随一无体，所立能立法均无从依附，故成"自随一无体两俱不成"喻过。

他随一无体俱不成（声论师对无空论者）：

宗：声常，

因：所闻性故，

喻：如空。

立论人虽同意虚空有体，而且因法"所闻性"及"常性"之宗法都可依于"虚空"；但敌证者并不许"虚空"实有，即犯"他随一无体两俱不成"。

所依无体俱不成（数论对无空论）：

宗：思是我，

因：以受用二十三谛故，

喻：如虚空。

此量中，"虚空"未得共许，属同喻依无体，能立法所立法于其上无从附着，故此喻依有过失。

原典

无合者，谓于是处无有配合。但于瓶等双现能立所立二法。如言于瓶，见所作性及无常性。

译文

能立法与所立法缺乏总结性联系,是说在喻证当中没有此二者的配合,仅仅在瓶罐等喻依上显现出能立法与所立法来,比如说在瓶罐上可见所作性与无常性。

解说

此处讲同喻的第四种过失。前面三种过在喻依。此句喻依无过,纰漏出在喻体上。同喻体本来是对正因第二相的陈述,代表作为大前提形式的根本逻辑原则。从例子上看,仅说"声无常,所作性故,如瓶"。这样格式的比量我们以前所见不少,皆没有什么异议,何故这里竟指为过失呢?追寻商羯罗主的意思,是说:仅仅摆出一个例子,哪怕此例子上可以看出所立法和能立法,如同此处的瓶上也有"无常性"和"所作性",但问题在于这两性是什么关系呢?谁为主辞谁为谓辞呢?谁为能遍充谁为所遍充?哪一个概念的自身是周延的?要解这一问题,光举一个例子不够,还要将两个概念以全称判断的形式表述出来。也就是说,必须有喻体才算喻支完整。

陈那在批判旧因明五支作法时,已经发现了这个问题。旧因明五支中之第四,即合支至多像模拟推理的形式;而新因明三支中之喻支是将所搜寻的例子归纳提高,得出一般性原理,概括出所立法与能立法之间的必然关系。因此,喻依如果尚是归纳材料,喻体则确实已成为演绎性的大前提了。

陈那在《集量论》中指出过喻支的重要而特有的功能。他认为:如果喻支仅列有同喻依,那么作为一事物的喻依,自然有多种属性依附其上。孤零零地一个例子,在敌证一方看来,谁知道你希望以它上面的哪一种属性来与有法上的性质做模拟呢?因而他提出:"若直以瓶为同法喻(依),以瓶体是无常故类声亦是无常者,亦应瓶是四尘可见烧,声亦四尘可见烧。若如我释,诸所作者皆是无常以为喻体,瓶等非喻,但是所依,即无此过。"

总而言之,由于有对喻依的总结,产生了喻体之普遍原理,因明三支论式也就从原来五支作法的模拟推理转到了演绎推理的路子上来,这是思维方法的一大进步,其意义无庸多说。

当然喻证一支应该有喻依与喻体,这是就规范的比量式而言的。如果要求因明逻辑格式完满无缺,应当如此。但在实际应用当中,为了论争方便,在特有的语言环境下并不一定非列出喻不可。尤其在西藏佛教因明的实践中，论争的双方甚至无暇列出判断命题，往往立论一方只向敌证者出示有法、宗法和因法三个概念，对概念的衡量，对因三相的考察都留待立敌双方去作语言形式之外的辨认。因明论争在这种情况下也仍得照样进行。因而我们说，为了形式完整，总结宗因二法关系的喻体是必要的。

原典

倒合者，谓应说言，诸所作者，皆是无常。而倒说言，诸无常者，皆是所作。

译文

能立法与所立法在判断联系中的主谓秩序颠倒。本来应该说"一切所造作的都是无常的"，但却颠倒地说成了"一切无常的都是所造作的"。

解说

此喻过为同喻中之第五种过失。本来作为同喻体，应该遵循先因后宗的顺序，即以因法为喻体的全称判断的主辞，以宗法为该判断的谓辞，所以如此，是为了保证宗法能普遍地充满因法，也就是在外延范围上，宗法包含因法，使因法作为中词得以自身周延一次。

依据形式逻辑关于判断性命题中主谓辞各项周延与否的规定，肯定性全称判断中，主辞周延，谓辞是不周延的。依据这一规定，一旦喻体的主谓关系说反了，因法概念自身便成为不周延的。因法若不周延，只能保证它的某一部分也有宗法性质，以这种因作能立法，不就只有不完全的证明所立法的功能了吗？

从另一角度说，因明中的同喻体目的在于顺成，即以因法成就宗法。所谓"顺"也就是"说因宗所随"。以"声无常，所作性故"为例，凡顺成应为"诸所作者皆是无常"。若弄颠倒了，如此处的"倒合"，则成"诸无常者皆是所作"。而依论题（宗）之本意，是要成立"声无常"，并非"声为所作"。再说，倒合也破坏了说明事物的因果关系，本应该是"所作"引出"无常"，如果是"无常"造成的"所作"，因果法则也就成为不确定的了。因此，"倒合"结果使论式引出了根本不是双方预期的结果，破坏了"以共许法成不共许法"的逻辑过程。

联系形式逻辑关于中词至少应完成一次自身周延的规定看，"倒合"在三支论式中只会使因法概念成为不周延的，进而破坏了正因后二相的要求。

所有这些毛病集中起来看，"倒合"之成喻过确定无疑。

原典

如是名似同法喻品。

译文

所有这些称为虚假的同喻种类。

解说

这是对似是而非的同喻过失的总结。以上共分列了五种同喻过。玄奘译的"同法喻品"之"品"也就指"种类"。以下将介绍虚假的异喻种类。"异喻"，又称"异法喻"。异喻的目的在于遮离能立因法及所立宗法两者。所谓"遮离"，是说宗之异品上不会有因同品。异喻中所示的喻依，既不同于因同品，又不同于宗同品。因此，"异于能立所立两法的喻证"应该是"异法喻"的正解。

原典

似异法中,所立不遣者,且如有言,诸无常者,见彼质碍,譬如极微。由于极微,所成立法常性不遣,彼立极微是常性故。能成立法无质碍无。

译文

虚假的异喻当中,所立法未给排除的,比如"凡一切无常的都可以见到障碍性,如像极微"。由于是极微,所以并不能排除所立法"恒常性",以极微为喻依是有"恒常性"的缘故。"无质碍性"的能立法倒是排除了。

解说

此为虚假异喻的第一种。"所立法"即宗法,此处为"常"。所立者,"待所成立"之意。宗上有法领有是宗法性为立许敌不许的事,有待于以因法来成立,故宗法为"所立",因法为"能立"。

《入论》所言"不遣"意谓异喻所举之事物并未远离宗法,通俗点说,该事物本不该落在宗同品之范围内却仍然落了进去。以声论对胜论师立量言:"声常,无质碍故,诸无常者见彼质碍,如极微。"异喻体"诸无常者,见彼质碍"并无过失。但所举喻依"极微"并未远离宗法"常性",它本应是"无常"宗异品范围内的,但现在却在"常"品之中。"由于极微所成立法常性不遣,彼立极微是常性故。"声论与胜论都共许极微有常住性,因而,以极微作异喻依来否定或排除所立法"常性"便是失败的。

又由于声胜二宗皆许极微有质碍性,故因法"无质碍性"在异喻依上倒是看不见了,因为所举极微是有质碍性的。

异喻依本应双遣所立能立二法,但现在它只遣离了能立法"无质碍性"而未遣离所立法"常",并没有起到离宗因二法的目的,故不足为正当的异喻依。

《大疏》对"所立不遣"过失又区分为两俱、随一、犹豫、无依不遣四者。除第四"无依不遣"我们以为不必列入,"两俱不遣"在《入论》正文已经分说显明,其余两种录于次。何以我们不同意"无依不遣"的说法呢?如前所说,异法喻体所表示的是双离宗因二法的大前提,从反面重申宗法必然追随在因法之后,同法喻体非有同喻依显明该原理不可,而异法喻体并不一定非有实例作喻依不可。既然可以缺无异喻依,那么异喻依无体无依也就没有关系了。所以，我们以为"无依不遣"不为过失。

所立随一不遣（声论对小乘说一切有部）：

宗：声常，

因：无质碍故，

异喻：诸无常者见彼质碍，譬如极微。

小乘论师看来，极微仍属常法。以极微作异喻依可遣所立法"常性"，只是声论这方面的意许，故成自随一不遣过失。

所立犹豫不遣：

宗：彼山等处定应有火，

因：以现烟故，

同喻依：如余厨等处；

异喻：诸无火处皆不现烟，如余处等。

《大疏》此处所以说此量有犹豫过，是因为有火的地方不一定有烟。（"然有火处亦无其烟，故怀犹豫；不现烟处，火为有无，故犹豫不遣。"）在我们看来，若以此为理由说"所立犹豫不遣"未免有些多余。异喻体既为"诸无火处不现烟"，就完全可以成其逆否命题"有烟处必有火"。窥基所举的成犹豫的异喻依不能与异喻体分开来看，此异喻依所显示的是无烟之余处无火，而非无火之余处无烟，异喻依所示者正是"宗无因不有"的原则。

窥基此处分别的"犹豫不遣异喻依"甚可怀疑。

原典

能立不遣者,谓说如业。但遣所立,不遣能立,彼说诸业无质碍故。

译文

(虚假的异喻当中)能立法未给排除的,比如(异喻依是)业,只是排除了所立法,而没有排除能立法,因为他们所说的"业"之异喻依有"无质碍性"。

解说

此为异喻过失之第二种。其毛病出在异喻依不能够远离能立之因法。本来举譬异喻依,其目的是显示凡无宗法就无因法,现在的异喻依只是否定了宗因二法的一端,排除了所立宗法,未排除能立因法,当然无从助因成宗,倒引起了异喻体无从成立的后患。

《入论》此处例句,仍是声论师对胜论立量,仍以"声常"为宗，仅将喻依换过了，若将此比量完整列出，则成：

宗：声常，

因：无质碍故，

异喻：诸无常者，见彼质碍，如业。

"业"之概念，在声胜二家均可以作"运动"解，"运动"作为异喻依，只能遣离宗法"恒常性"，具体的运动不可能永远持续下去。这与异喻的"无常"异品相符，可以认为遣离了所立"常"法；但异喻依本应是宗异品和因异品的汇合，如是才称得上双遣宗因二法。但这里的"业"在声胜双方看来是"无质碍"的，与因同品相符，从而说"业"之为异喻依，不遣能立法。既不能做到"无常"且"有质碍"，此异喻依便不合格，有"能立不遣"过。

《大疏》从能立不遣上分别出两俱、随一和犹豫三种，"两俱能立不遣"者，如本论正文已说。随一及犹豫能立不遣过失如次：

仍以"声常，无质碍故；诸无常者见彼质碍，如业"为例句，立者仍为声论，敌者则为佛教。此异喻依犯"能立随一不遣"过，因为佛家以为"业"应该是有质碍性的。

能立犹豫不遣：

尚未弄清远处究竟是雾是烟的情况下，便立量说

"远处应有火，似有烟故，诸无火处应无烟，如湖"。由于能立法因"似有烟"尚属犹豫不定，故所举之异喻依"湖"，可以是因同品，也可以是因异品，总属不定。但正当的异喻依应该确定不是宗同品，也不是因同品。现在"湖"之为异喻依既犹豫不定，其遣离（排除）能立法的作用也就犹豫不定了。

原典

俱不遣者，对彼有论，说如虚空。由彼虚空，不遣常性，无质碍故。以说虚空，是常性故，无质碍故。

译文

所立法与能立法均未排除的，比如对说一切有部论者举异喻依如虚空。由于"虚空"，其上并未排除恒常性和无质碍性。虚空既是恒常性的，又是无质碍的。

解说

似是而非的异法喻中，这是第三种。此似异喻属于举异喻依不成而有过。立异喻依的本意在显示宗之异品上并无因同品，因此正当的异喻依应该远离宗法与因法。"俱不遣"的异喻依之所以有过，正在于刚好同本来的功能相反，不仅未遮离宗因二法，反而是双显此二法。

仍以《大疏》举例来看，窥基说，本论中例句为声论师对说一切有部立量：

宗：声常，

因：无质碍故，

异喻：诸无常者，见彼质碍，如空。

说有部与声论均许"虚空"实有，同时两家皆许其无质碍性。此既有因法又具有宗法的"虚空"，若做同喻依再合适不过了，可偏偏被引为异喻的实例。因而，它是联结了而不是遮离了宗同品与因同品的关系，结果成就了所立法与能立法的"两俱不遣"过失。

"两俱不遣"过失也应该随立敌双方或其中之一对异喻依的属性有不同看法或有所犹豫而开出"随一俱不遣"、"犹豫俱不遣"等过。这些与前边已经说过的"能立不遣"、"所立不遣"等大同小异，理一分殊，于此不再一一赘述。

原典

不离者,谓说如瓶,见无常性,有质碍性。

译文

所立法与能立法缺乏否定性的总结联系。比如说举异喻依如瓶罐,其上虽见有无常性和质碍性(但却未说出异喻体"诸无常者见彼质碍"来)。

解说

虚假的异喻之第四是由于缺乏对异喻体的陈述。依据《入论》,例句仍同前三种过失。这一次则虽有对正当喻依的出示,却没有依存于此正当异喻依的异喻体。设想声论立量说:"声常,无质碍故,如瓶。"此例句之"如瓶"之前尚可有"如空",如是,则明白表现出同喻依和异喻依两者。今仅言如瓶,是为了专显"不离"过失。"不离"之"离"指遮离、遣离等。亦即异喻依本该遮离宗异品和因同品,或者说,异喻依应该异于宗同品,又异于因同品两者,才能成就异喻体。

异喻依上虽可见宗异品和因异品二者,但宗异法与因异法的种属包含关系仍未借全称判断说出，故因明三支的逻辑大前提仍未得到规定。

异喻体是对因之第三相的陈述，"异品遍无性"若未确立，"同品定有性"实际便未获确定。就是说，若无第三相，我们凭第二相只知道宗同品上有因法，至于此因法之外延范围是否大于宗同品范围呢？不得而知。一旦大于宗同品范围，便是"宽因狭宗"，必然有不定过失的。据此，我们说，因明的喻证一支，同喻体、异喻体同样重要，甚至可以说，异喻体更为重要。

异喻体显示任何宗异品处绝无能立法因。以前面例句而言，"无常"异品处绝无"无质碍"因性。若只告诉异喻依"瓶罐"等，那么仍无法让人看出宗异品远离了因同品，未能揭示异喻的分离作用。因而，《入论》所言的"不离"过，是说喻证一支尚缺异喻体，明确宣布宗异品与因同品的否定性关系。

"不离"过失的提出是陈那对古因明缺乏异喻体进行批判的结果。《正理门论》说："世间但显宗因异品同处有性为异法喻，非宗无处因不有性，故定无能。"陈那意谓，旧的世俗公认论法，即五支作法中，只举异法喻，表明宗因异品共居其上，但尚未形成对同喻体的全称逆否命题，即未说出"任何不是宗法的必不会领有因性"。

"不离"过之于异法喻，犹如"不合"之于同法喻。

它们都使因明滞于模拟推理的程度上。结果，其论证过程中，感性成分太重，而理性成分太少。只有上升到一般论理的原则，才能总结出演绎性的前提。"不合"指未能从正面显示"同品定有性"的原理，而"不离"则未从反面强调"异品遍无性"的原理。

同样，"不离"与"不合"一样，作为过失都是针对比量的完整形式而言的。实际在因明论辩中，只要语言环境明确，同喻体与异喻体未曾说出的也不在少数。

原典

倒离者，谓如说言，诸质碍者，皆是无常。

译文

所立法与能立法在否定性的判断联系中主谓秩序颠倒。比如说成"诸质碍者皆是无常"（而正确的说法应该是"诸无常者见彼质碍"）。

解说

此过为虚假的异喻之第五种。本来，异喻体陈说的是"宗无因不有",以宗法为判断主辞,因法为判断谓辞。但现在,异喻体刚好说反了,结果,异喻体不是宗异品远离能立法因,倒成了因异品远离宗法同品。

据《入论》举例,便是"谓如说言,诸质碍者,皆是无常"。本来应该是"谓诸无常,见彼质碍"的。如前所说,异喻体目的在于从反面成立同喻体。同喻体若为"A,那么P",则异喻体必然是"非P,那么非A"。前者为全称肯定判断,后者是相应的逆否性质的判断。要想说明所有的因法(能立法)必然有宗法(所立法)性质,一定要保证所有不是宗法的都没有因法之性质。异法喻体若非先宗异品后因异品,则失去了从反面论证同喻体的功效。

如同"倒合"之破坏和违背了客观的因果联系,从而造成思想上的混乱,"倒离"也有这样的弊病。"倒离"要么弄反了因果关系,即不是因为"所作"而"无常",而是因为"无常"而"所作"。表现在异喻体上,则不是说成"常"由于"非所作",倒成了"非所作"由于"常"。"倒离"也可能弄错了种属关系。

以"彼处应有火,以见烟故"为例,异喻应为"彼无火处应无烟",今倒离为"彼无烟处应无火",显然有过。姑不从因果关系一面来看"烟"与"火"两者,且以种属概念关系来看待"烟"与"火",则"火"的外延范围远比"烟"宽得多,"烟"的外延范围也就是周延的了。也就是说,有烟时必定有火,有火时不一定有烟。从反面看呢,应该是无火必然无烟,而无烟倒不一定无火。这就与倒离的异喻所述的"彼无烟处应无火"相去太远了。

由于"倒离"破坏了事实上的因果关系和概念上的种属关系,因此必然是有过失的。

原典

如是等似宗因喻过,非正能立。

译文

所有这些似是而非的论题、理由和喻证的言辞,都不是正确的成立道理的工具。

解说

此一句对似能立的似宗似因似喻作一总结。"宗因喻多言"本来是为了"开示诸有问者未了义",但由于这些宗因喻只是似是而非的,有种种过失的,故无法证成道理,也就不成其为正当的能立手段。"能立法"从广义上说,包含宗因喻三者。此三支中任何部分有过,整个论式便无从站立,道理也便无由显明,难免使"问者"、敌者疑惑丛生。

至此我们知道,因明中宗过有九种,内含五相违、四不成;因过有十四种,内含四不成、六不定及四相违;喻过十种,其中似同法喻、似异法喻各五种。宗因喻三者,总其过类,共有三十三种。

第三章　真现量门、真比量门

原典

复次,为自开悟,当知唯有现比二量。

译文

另外,应当知道,为了使自己了悟,只有感觉和推理这两种知识途径。

解说

知识途径在印度哲学中称为"量"。现量,指感觉知识;而比量指推理知识。《入论》在开头讲"四真四似"中之真似现比时已经涉及了量的区别刊定。依据其基本含义,我们可以将量解释为:知识来源、知识标准,进而也指知识本身,如现量比量等。

量,也指知识的形成过程以及得益者,如为他比量、为自比量;又指知识的表达形式,如以宗因喻三者"立量"之"量"。总而言之,在印度思想背景中,量意谓知识、知识过程及结果。

在古代印度,量的种类颇不少,可举者如现量、比量、圣教量(依据所信奉的传统而获得的知识)、譬喻量(模拟认识而获得的知识)、声量(言证量),等等。在我们今天看来,竟会有如此之多的根本认知方式,简直不可思议。正是佛教新因明家对这些知识手段进行了批判性的抉择。这一工作的开端甚至于可推至世亲甚而无着菩萨,而新因明大师陈那对于佛教认识论作出了划时代的贡献。贡献之一便是严格依据认识对象(所量)来确定知识来源,依据所量的本质来规定能量的活动范围及其价值。

《集量论》开宗明义便说:"现及比为量,二相所量故，合说无余量。"(《集量论释略抄》，吕澂译，原载支那内学院《内学》第四辑）所以分出现比二量，同佛教坚持的认识对象从根本上看只有两种的立场是不可分的。这两种对象便是自相与共相。自相，梵名svalaksana，意为"本相"、"自身之相"，转意可谓"真实之相"、"原本之相"；与之相对的共相则是理性加工过的认识对象，是虚构和杜撰的产物。

佛教，尤其是唯识一派的佛教因明家，认为世间只有两种所知对象：一是作为世界真实基础的刹那生灭的自相，一是世俗执有的共相，共相的根源在意识的深处，共相是名言概念特征的。在佛教因明家眼中，山河大地草木瓦石均属共相，而自相是凭名言一类的范畴概念无法揭示的纯粹个别的实在，只有感性直观能与之当下契合。这种感性直观也就是现量的纯感觉认识。

自相是我们表相活动的原因，它刺激我们意识的活动。首先给感性直观提供认识内容，因而构成我们经验知识的基础。自相是"因缘有"和"依他起"的根本依据。共相事物之所以能有经验层次上的相对真实，正因为知识的核心是关于自相的认识，因此我们说，一般的观念物的深层，掩盖着最初的感性直观所得。也就是说，共相只能依自相而立。

日僧善珠在《因明论疏明灯抄》中说："云何名为

共相自相？言自相者，自体即相，性离名言及分别智，唯无分别智证方知。诸法共相，离于自相施设无方，故对名言及分别智，于法自相增益建立，无别自体称之为假，遮得自相说共相名。"（参见《大正新修大藏经》卷六八第四一三页）这段话清楚地说明了自相与共相的区别与联系。

对象既有本质各不相同的两种，相应地便有完全不同的两种认识手段或知识途径。这便是陈那在《集量论》中说的"所量唯有自相共相，更无其余。当知以自相为境者是现，共相为境者是比"。（参见《集量论释略抄》之《现量品》）

再从能量（主体认识）方面来看现量与比量的关系。对于前者，陈那菩萨曾说："谓若有智于色等境，远离一切种类名言，假立无异诸门分别，由不共缘现现别转，故名现量。"（参见《正理门论》）即是说，现量认识活动摆脱了一切种类的名言概念，是当下的直接的纯粹的直观活动。与它相对，比量是一种知性的概念的活动，它刚好非借助概念进行不可，它所依赖的正是"假说无异诸门分别"。

共相具有假施设的某种稳定性，是某一程度的刹那相续，名言正好也有这种稳定性。因而名言概念是比量活动的外在形式依据。现量虽然是认识的基础，但对于自相，它只是消极的受动的反映，有如镜子之反射境像，镜子本身是无所作为的；而作概念活动的比量则是主动的、施与性的，是一种界说性诠释性的反映，即以主观构造的表象去描述对象境界。五根（感官）也是这样，虽然它感受对象，但却不能提供任何形式来固着感受。而明确的概念表象产生于现量向比量转化的过程之中。

这一过程，陈那菩萨作如是说："若以所谓无常等相取色等境，或非一时所取，此复云何？虽有其义，也由所量相合。合说无余量，谓先未设假名，但取色等境已。次由共相分别无常，如是由意结合色等。是故非余量。"（参见《集量论释略抄》，吕澂译）陈那这里实际上描述了知性对感觉材料的加工过程。由最初的感觉素材（现量果）借助时间、空间和别的共相范畴进而对自相实在加以说明。共相物实际上是虚幻的思想杜撰，真实的程度视情况各不相同。

佛教方面的这种立场完全不同于印度哲学派别中的正理论师、胜论师等。对后者来说，相当于名言的范畴概念都是实在而有体地存在于现实世界中的，因而人的感官也应该能认识这些共相概念。我们实在难以想象，现实界中间，竟实际存有时间、运动这样的实体性范畴。

佛教因明家承认名言范畴的依他起性，实际上肯定了经验事物处在世人共许时空中并带有种种性相这一事实。这些经验的真实存在物不能不由共相概念来规范分别。这也就提供了比量认识的基本前提。

　　陈那菩萨及其弟子商羯罗主，都坚持对世界真实性基础的认识只能是现量，共相则是五种感官无从捕捉的。所以，《正理门论》才说："有法非一相，根非一切行，唯内证离言，是色根境界。"换句话说，"依他而起"的共相事物具备种种体性，并不是具有自我规定性（"不能自持"）的实在。

　　它的特点是"体相非一"，或是"多种极微体性之有法"，或是"色香味触多尘之法"（这里所引均见法尊法师所译之《集量论略解·现量品》，中国社会科学出版社一九八二年版），因而不能够成为感觉的纯对象，眼耳鼻舌身诸根"各各明照自境"，亦即它们各自的所知对象，眼不会缘取声，耳不会摄取色，各有所属，不相淆乱，"根识（现量）了解之境象，非名言所能显示宣说。根识之境，即诸处离言说分别之自相体性"。

　　总而言之，陈那菩萨以为：五根所取的纯然实在自相，以及靠表象概念虚妄分别的思想形式所诠释的共相，是一切有情众生仅有的，也是全部的两大所知境界。

以上依据陈那在别处论中的观点结合《入论》中商羯罗主的叙述，显示了佛教因明理论的基础——认识论的背景。依据因明家的认识论原则，世界上只有两种认识对象，依据这两大类认识对象，相应有两种认知手段——现量与比量。

《入论》此处说"为自开悟，当知唯有现比二量"完全是禀承师说的。"为自开悟"之"自"当然不可以仅局限于认识者自身。对于他人，如果以语言揭示真理，或随缘说法，启迪其正智，最终使人萌生信心，勇猛精进，获声闻果，仍然是比量的功效，故《正理门论》说："如是应知，悟他比量亦不离此得成能立。"

原典

此中现量，谓无分别。若有正智于色等义，离名种等所有分别，现现别转，故名现量。

译文

这里的感觉知识是说其未含任何理性分别。比如说有正当而不错乱的感官，在色声香味触等对象境界上进行着不含任何名言种类等分别的认知活动。这些活动中感官与感知对象各别相对，不相淆乱。这种认识活动就称为现量。

解说

《入论》在这里对现量定义作了规定，其特点便在于"离分别"。"分别"，在印度哲学背景中有两层意义，从相对的经验真实性上说，"分别"意谓思想成分的掺入；而从绝对的先验真实性上看，它等于虚妄执着，等同于纯粹的幻觉。这里的分别，应该取前一义。

陈那在《集量论》中说："（此中）现量，离名种等所有分别。"此定义一般认为有两重含义，以陈那菩萨本人的话说："所离分别，谓比何等？谓离名种等结合之分别……如随欲之声，安运名称，……诸种类声……诸功德声……诸实物声。"就是说，真正的现量活动不应混杂有任何概念成分；此定义的另一重含义则在于强调，当现量发生时，认识主体，即《入论》这里说的"正智"应该是绝对的被动的反映，以窥基的话说，便是"行离动摇，明证众境，亲冥自体"（参见《大疏》卷一）。

现量有两种，一谓定心现量，一谓散心现量。前者是修瑜伽者达到的心理状态，后者是所有人在认识活动之初都有的。我们在谈认识论问题时，所着眼的应该是散心现量。散心现量虽然只是"亲于境冥得自体"，但它同定心现量一样，有"能缘行相，不动不摇，自唯照境，不筹不度，离分别心，照符前境，明局自体"（参见《大疏》卷一）的特征。这里的"正智"还有另一所指，它说明现量的认识者——感官是正当的无错乱的，诸根没有缺陷，认识环境也不致干扰感官活动。

总之，现量是否离分别，是将佛教现比二量区分开的标志。为什么这一标志如此重要？我们知道，在印度的思想环境中，不单佛教，还有胜论也是赞成现量与比量二者为正当知识手段的。但对于正理、胜论这样的极端实在论者，自相和共相之作为认识对象具有不同的含义。

在他们看来，现实世界中除了自相（特殊的个别的具体的存在），还有实体性的共相，我们以为是抽象出来的普遍性概念在他们的实在世界中是确确实实存有的，因而，他们坚持，感官也可以缘取共相。这是不可思议的，也是荒诞的。

正是为了摧毁这种邪见，佛教方面坚持，感性知识起初有一纯粹状态的不夹杂任何意识成分的阶段，即无分别的阶段。此一阶段中，只有感官与对象（自相）相接。一切对感觉素材的诠释是后起的，这后起的诠释特征便在于概念成分的羼入。

对于佛教因明家来说,现量认识过程中的对象都是转瞬即逝的实在。离开了同样刹那生灭的感性直观,人们无从把握彼此分离的——自相。但是当我们企图较稳定地把握实在自相时,它已经消失了。无分别现量得到的究竟是什么呢?显而易见,处于因缘而起,缘尽还无的经验界中的我们,行为不能只依赖现量,我们只好假设认识对象和主体的相对稳定性。

因明家觉得,事物的稳定性与聚合性都是我们的思想赋予的,是一种究底的错乱,但又是随顺世间的分别心。那种将感觉素材以语言形式来标识的活动已经是有分别的现量了。从广泛意义上讲,有分别现量已经属于比量的范围,因为真实无妄的现量是不可能有丝毫分别的。

由于正理派胜论派等认为共相是实在的,那么反映这些实在体的思想观念活动也便成了感觉的现量。从而思想的杜撰便不一定是虚妄的分别,而是完全可以同对象相称的匹配了。这样,正胜的观点便同佛教严重地对立起来。换一句话表达,是否承认思想观念的虚妄性质,决定着人们在认识过程中如何看待外境象,它是实有真实的,还是迁流变化因此最终为虚假的呢?从佛教一方面来说,我们相信诸法流转,无物永恒,因此必须坚持：一切执着于名相的举动都是悖理的。

当然，就是在佛教内部，也并非所有诸宗都同意虚假世间的根本非存在性。承认实有外境的正量部及说一切有部就希望按现量的真实性来反证外部世界的真实性。殊不知他们的现量已经不再是陈那菩萨说的无分别现量，而是借思想成分来规定表述的感觉知识了。

他们说："一切量中现量为胜。若无外境，宁有此觉？"（此一段中所引往来驳难引自《二十唯识论述记》，参《大正藏》卷四十三，第一九八页）唯识因明家驳斥他们说："现觉如梦等。已起现觉时，见及境已无，宁许有现量？"（同前注所出）此处"现觉"，谓有分别的明确的感知，而真正的现量则是纯粹感官摄取境象的第一刹那。所以窥基大师说"已起现觉时，见及境已无"。为什么呢？"初破正量非刹那论，后破一切有等刹那论。谓已起现觉时，其见已无，宁许有现量？破正量部等；谓已起现觉时，其见与境已无，宁许有现量？破萨婆多等"。（同前注所出）

正量部承认心法刹那灭，色法有可能暂住。因而唯识因明家便将驳斥集中在心法刹那的依据上，从认识的能量主体上来否认有分别现量的可靠性。由于正量部也同意六识不并起，所以他们质问正量部道，意识起分别时，即"有见时"，五识早已逝去了。根识既已不存，何从证明与此根识相契合的境色为实有的呢？即令境色有暂住性罢，能见根识已灭，又如何知道境色还有呢？要知道，"起此觉时"，即起此分别现量时，"能见识现在非有，彼此共许。要第六识具三分别，方能起此分别现觉，五识不具三种分别，故不能起此等现觉。此等现觉既在意识，起此觉时，能见眼识等必入过去，落谢非有。先见是物，后方起觉。故正见及觉二时不必俱，能现觉此时既无，宁许此觉有是现量证外境有？若正现量证色等时，缘心内法，无假诠智，故证不成。以正量部心心所法，灯焰铃声，唯灭相灭，念念生灭；色等灭法，亦待外缘。即随此事，长短一期，后方有灭。起证如是现量，觉时眼识不住，故入过去。其境色等，一期未灭"。（同前注所出）

对于萨婆多派（即说一切有部），由于他们主张色境及心心所法皆刹那生灭，根识与意识不能俱时而起，所以当明确意识分别出现时，不仅主体中的能量不存，所量对象也成为过去法而消灭了，何以还说外境实有呢？从而，唯识因明家得出结论："我今现证如是事境（例如'此为青莲花'的现觉，即分别现量），作此解者是意识中分别妄觉，非谓现量心心所法。《成唯识》说，现量证时不执为外，后意分别妄生外想……意识所执外实色等，妄计度故，说彼为无。又彼计说，谓假诠智，

不得自相,唯于诸法共相而转。"(同前注所出)

总而言之,强调现量无分别,强调"现现别转",事关重大,是决定着佛教"三法印"的哲学基础,也决定着一切凭声闻求解脱者的正见正思维。商羯罗主在本论中提出的现比分别是上承陈那菩萨的本意的。

原典

言比量者,谓借众相而观于义。相有三种,如前已说。由彼为因,于所比义有正智生,了知有火及无常等,是名比量。

译文

所谓推理,在借助于多方面的特征观审对象。这些特征有三种,前面都已经说过了。以它们作理由,在所欲推知的对象上得出正确知识,知道"有火"或"无常",等等,这就称作比量。

解说

玄奘译的"借众相而观于义"之"义",指境界、境象、对象等。这是相对于主体认识而说的。"所比义"的"义"除作"对象"解之外,因为与"三相"相对,也应具有"所立法"的意思。成立一个比量,也是为了将"随自乐为"的"所成立性"传达给敌证者,这也就是"所比义"。区别仅在于,如果是为自比量,则"所比义"是认识者欲获得的目标;如果是为他比量,所比义是所欲显示的目标。"借众相"中之"众相"指的便是因三相。这是本论的核心内容,不再多说。

本论正文又说"了知有火及无常等,是名比量"。言下之意是说,比量有从烟而推知有火的,也有从所作推知无常的。前者大致是经验观察所得的因果联系,推知"有火"的理由是"见烟","见烟"应是现量因,感觉所获知的理由;后一知识,即对"无常"的了解,不是一般人可以从短时间内依靠一两个例子便能总结出来的因果联系,它是无数人长时期观察,是获大智慧者深刻思索而得出的知识总结,因此,推知"无常"的理由"所作性",应该是间接推知或被告知的比量因。

原典

于二量中,即智名果,是证相故,如有作用而显现,故亦名为量。

译文

在现量与比量当中,知识过程与所得结果是同一的,由于显示知识本身是知识特性,好像有所作用而产生了解,所以也就称为量(知识)。

解说

"是证相故"之"证"即"获得"、"证得"的意思。"相"即"相状"、"性能"。"是证相故",即"以获得知识为其本职的缘故"。据吕澂先生说,藏译本中此句作"以是色等分别性故",即说:对色声香味触等加以审视辨认是其本性的缘故。"如有作用而显现故"在藏译本中作"彼智亦即是量,是能作境之正知故"。什么叫"能作境"?即能作为被认识对象的意思。此意指正智已经带有知识结果,亦即带有某种"相"。此"相"我们称为影相,因明术语称"行相"。

关于"能量即果"的说法,即是从这个"行相"引出来的。这是唯识因明家与正理胜论等外道争论激烈的哲学论题之一。它与唯识宗的自证说及带相说有着不可分割的关系。玄奘大师在印度破正量部小乘师般若毱多时,便主要以带相说为论争的武器。

小乘正量部是主张心外有境的，心法虽然刹那灭，但外境尚可以有暂住，因此认识活动在小乘正量部看来，是心直接摄取外境。玄奘对此进行了严厉的批判。今以失佚的《制恶见论》便是对正量部的认识理论进行批判的产物。正量部师反问玄奘，若心不能直接缘取外境，以什么为认识对象？更有甚者，寻常人心识认识境物可以挟带行相，即在根境相接的第一刹那之后产生似境行相，此行相为心识缘取；但若是正智缘真如，对象是无相之相，此时如何挟带似境行相呢？

正量部的诘难分为两层。对第一层，玄奘的答复便以行相即量果为根据，即是说，认识过程中产生的似境行相即是结果，是知识所得；但它又是知识手段，是能量工具。因为在心识当中，所认识的别的正是此行相，而不是在外的境象。没有这一行相，心识以什么为认识对象呢？对于正量部的第二层质难，玄奘答复说，修瑜伽者若到了断所知障，除二取分别的地步，正智缘真如时，那行相并非来知相分对象，而是见分变带的行相，因此与无相之相毫不冲突。

"能量即果"（即智名果）的认识论意义至为深远，故特别说明于下：

认识论的基本问题是对象与主体如何同一的问题，通俗地讲，便是主体如何去把握对象的问题。我们何以说自己认识了某一对象，根据是什么？这个简单的问题却使许多哲学家绞尽脑汁。对象如何转化为认识内容是印度哲学的热门话题，不但是外道诸宗，就是佛门内部，也有种种不同见解。

拿正量部来说，他们认为心可以直接缘取外境如手探物，如日舒光。经量部则认为是外境色于心上生出影相，然后才有对此影相的了别。此影相便是识中所带行相，也就是我们说的"量果"和能量之具。经量部说："智中境象，如青黄等，乃外境于识中引生。境象即能量。识中影相与外境相关，故而说青黄等色是外境。自证是果。外境即所量。"（此颂原出于 Parthakarathi Misra 的 *Nyāyavatrākara* 一书，系笔者业师，中央民族学院的王森先生从《颂释补》中译出。此颂为释经量部带相说不可多得的例子）带相说为唯识家们吸收过去，成为所谓瑜伽经量部认识理论的一部分，陈那一系以及玄奘所宗的护法一系对此都有重要发挥。

陈那在《集量论》、法称在《正理滴论》虽都未作专门讨论，但他们的认识理论无疑是以经量部的这一学说为基础的。陈那本人也说过："仅仅是纯然意识的存在并不是对对象的确定了别。因为它（指纯意识）是（自身）同一的。（而如果没有影相），我们便会得出这样的结论：我们的一切知识都是不含差别的，而意识中若无对相同性的感受，就不会有相似相符。"（参见 Stcherbatsky 的《佛教逻辑》〔*Buddhist Logic*〕卷二，第三五九页之批注第四）这里的"相同性"指似外境色，也可以指似相分之行相。"相似相符"则指识中变带之行相与境色对象的一致性。这种一致性，是认识活动进一步展开的依据。

事实上，世亲菩萨在《俱舍论·破我品》中也讲过带相的内容："如是识生，虽无所作，而似境故，说名了境。如何似境，谓带彼相。"可以肯定，带相说由经部到唯识宗的发展，经过了世亲及后学护法、陈那诸人的努力。经部在批判一切法实有的基础上，改造了所缘缘，认为心法生起时，必带所缘境之相。解决了已成为过去法的所缘缘同现在心法的衔接问题；而唯识家们对经部学说的改造之功则在于将所缘境移到识内，变成了识中相分。相分仅仅是识上五内境色的显现。

陈那将经量部的带相说吸收到唯识理论中来，并对之加以改造。依据他的本宗学说，心识上已经包含了对象（相分）与认知主体（见分），以及一个作为心识自体有统摄作用的自证分。自证分的作用在于维系相见二分，在后二者的交涉中，了解并证实见分对相分的把握。见相二分为能缘所缘关系。认识生起时见分中带有相分行相（影相），称见分行相。此见分行相便是识中所带之相，也就是量果（认识结果）。

此行相对认识过程而言，是手段和工具，因此称能量，离它无从知道所缘境色是什么样；此行相也是结果，是根缘境的所得。由于在唯识学说中，行相的产生是见分取相分的反映，都是识内发生的，不像正量部等说的智之缘境像手去抓东西，所以《入论》这里强调"如有作用而显现故"。

总之，从经量部和唯识宗的立场看，"能量即果"或"即智名果"都是顺理成章的事。

窥基曾介绍陈那同时的人对他提出的质难："汝此二量（谓现及比），火、无常等为所量，现比量智为能量，何者为量果？"说一切有部也质问："即智为能量，复何为量果？"诸外道质难说："境为所量，诸识为能量，神我为量果。……汝佛法中，既不立我，何为量果？智即能量故。"我们引上面这些，是想显示，印度各派哲学都对认识对象如何转化为认识内容的问题有兴趣，而对于唯识因明家，这一问题的核心在带相说。

依据因明家的意见，对象最终转变化识中影相或见分行相。"即智名果"的"智"兼有能量和量果是言之成理的。何以如此呢？智为认识主体，认识必有结果，智也必能了解此结果。智的了解，本论中说为"是证相故"，无论现量比量，皆"以证为相"，此"证"，即在心上显现与境色相似相符之影相。"如有作用而显现故"强调了认识过程之完全发生在识内,在见分与相分之间。见分相分也不过依识所变,都是心的活动,缘起法本无动作。在此意义上,"如有作用"之"如",指似有而实则不有之意。

窥基在《大疏》卷八中说:"今者大乘,依自证分,起此见分取境功能,及彼相分为境生识。是和缘假,如有作用。自证能起故,言而显现故。不同彼执直实取。此自证分亦名为量,亦彼见分。或此见分,亦名为量,不离能量故。如色言唯识,此顺陈那三分义解。"

这里说"如有作用",意谓从根本上说,一切认识不过是识中的见分取相分。从假说因缘角度有能知所知的区别。见分相分不能离开自证分,自证分保证见分变带相分的影相。即见分行相靠自证分来证实,于自证分上显示。所以说"如有作用而显现故"。这是依唯识三分说来解释"能量即果"。

至此,我们分别讲述了现量与比量在认识活动中的特征。

第四章　似现量门

原典

有分别智于义异转，名似现量。谓诸有智，了瓶衣等分别而生，由彼于义，不以自相为境界故，名似现量。

译文

具有概念分别的认识主体不如实缘取对象，称虚假的感觉知识。它生出了瓶罐或衣物一类的共相观念，这是主体在对象上没有始终以自相为其知识范围的缘故，所以称似现量。

解说

"有分别智于义异转"指的是现量智竟然带有名种、功德等概念范畴去认识了别对象。《大疏》上说"有分别智，谓有如前带名种等诸分别所起之智。不称实境，别妄解生，名于义异转，名似现量"。前面已经反复强调，真正的现量是纯的感觉知识，其中不可能有名言概念，也是不可以思想表述的。现量之离名言等分别的依据有二：

一、自相作为对象是绝对孤立的特殊的个别者，任何两个自相之间绝无相似性。这种各别独立性是与概念的共性不相容的。

二、感官认识（五根识）是不会起判断的。康德在其《纯粹理性批判》一书中说过："盖真理与幻相不在对象中（在此对象的吾人所直观之限度内），而在吾人关于对象的判断中（在此对象为吾人所思维之限度内）。故感官无谬误极正当——此非因感官常能判断正确，实因感官绝无判断故耳。……至若感官则其中绝无判断，既无真实之判断，亦无虚伪之判断。"（《纯粹理性批判》兰公武译本，商务印书馆一九八二年版，第二四二页）康德想说明，人类知识途径中有一个纯然的感性直观，它给我们提供了最初的真实的感觉材料。仅就这一点言，与佛教因明家的纯现量是相似的。如果感性直观有任何毛病，那便是知性的范畴混进来的缘故。

就佛教方面说，"似现量"之"似"并不在自相本身，也不在根识上，即不在感官活动上，而在于"智"（即根识之后随起的意识）并未如实了知对象，由此"不称实境"而"别妄解生"。似现量是缘自相而偏又生出分别来。以"瓶衣"为例，皆成自四尘。现量智真的于上如实知了,不会有"瓶衣"的认识,因为它本应"以自相为境界"的。"瓶衣"的共相概念是虚妄意识在自相所得上假施设的东西。

如果停留在"现现别转"、"各取自境义"的层次上,即是说,眼识缘色,耳识缘声,鼻识缘香,舌识缘味,身识缘触,各不相杂,就不会有任何错乱的似现量出现。所以陈那在《集量论》中说:"根觉亦无迷乱之差别,迷乱唯在意识,以彼是迷乱之有境故……以不迷乱故,亦说明一切识唯取自境义故。"(参见法尊法师所译之《集量论略解》第十一页)

第五章 似比量门

原典

若似因智为先,所起诸似义智,名似比量。似因多种,如先已说。用彼为因,于似所比,诸有智生,不能正解,名似比量。

译文

以对谬误理由的认知为先导,引起关于对象的谬误了解，就叫似比量。谬误理由有许多种，如前面已经说过了的，以它们为理由，在虚假的对象上产生知识，不能正确了解，就叫似比量。

解说

"似因智"，指对似是而非的理由的了解或知识。"似义智"，指对境象所作的似是而非的了解或知识。"似因多种"，即前面讲解似能立中似因部分的不成、不定及相违的十四种过失之因。"似比量"之"似"并不表现在名言概念对先验真实而言的虚妄分别，假立增益。

本书开头已经说过，在随缘方便的层次上，因明家对于世俗假有的共相是允许的，因而，"似比量"之"似"完全指经验界意义上的因果关系被违背，概念的同一性未被遵守，逻辑上诸规则被破坏，等等。

"似比量"不像"似现量"，它并不涉及佛教的本体论大厦。因此，关于逻辑谬误的判定分析，佛教与正理派等有诸多相互兼容和平共处的地方。

第六章　真能破门

原典

复次,若正显示能立过失,说明能破。谓初能立,缺减过性,立宗过性,不成立性,不定因性,相违因性,及喻过性。显示此言,开晓问者,故名能破。

译文

另外,如果正当地显示出能成立的诸名言过失,就叫能破斥之言。首先可指出的是能立三支中的缺减过失;成立论题的过失;理由不成的过失;不确定的过失;相违的过失;以及喻证的种种过失。所有这些有过失的言辞被揭示出来,使有疑问者经启发而明白,就叫能破。

解说

这一大段讲能破,实际可分三小段。第一小段讲"若正显示能立过失,说明能破"。《入论》于此对"能破"作了基本规定。

"正显示"之"正"至关重要。别人立量,若能发现他的错误,并揭发出来,使之领悟,这就是正当的正确的显示。"正"的另一层含义是隐藏的。显示他人量过,称作能破,能破也有真似正邪的区别。如先所立量有能立过,过失无论在宗因喻任何一支,都有加以揭发的可能与必要;从后所立的能违量说,只要三支俱足,因相圆成,宗义确当,自然成为真能破。

前已说过,"能立过失"之"能立",在因明中有广义与狭义的分别。狭义能立指因,相对于宗法而言,宗法由自许他不许之"不顾论",故是待所成立,因则为成立宗之主题的理由。如"声是无常,所作性故"中,"无常"为所立,"所作"为能立。广义能立则包括宗因喻三支。狭义之"能立"在于证成宗法,广义之"能立"在于以论议形式成立某种主张,"开示诸有问者未了义故"。

"宗因喻多言"本来意欲成就道理,其中任一部分有过,也就无从站立。只有形式完整,义理充足的才是真能立,否则便是似能立。揭露别人立论的谬误,称为"能破"。"能破"本身也有真似正邪。

"似能破"有两种可能:一是自身形式不完整,表述不正确,理由不充分。自己已经犯过,当然不能摧伏敌者。二是原所立之量宗因喻皆圆满正当，无懈可击。而能破方面妄生弹诘，强显其过。这就注定了此能破是似是而非的、强词夺理的似能破。

"能破"又有两种类型，一是显过破，一是立量破。《大疏》中说"敌申过量，善斥其非；或妙征宗，故名能破"，便指这两种能破。显过破指直接指出其量中之过失，使不得成立；立量破谓自立宗说，与他宗正相反对，"发言申义，证敌俱明，败彼由言"，故亦名能破。立量破或针对别人邪宗立量，或仅申明自家主张，两者都不免令他人觉悟。任何能破，必有兼悟他人的功能。所以《入论》说能破应"显示此言，开晓问者"。

"问者"指立量人和证义人两者，立量人有过，一经指出，当然要问个究竟，证义人也顺便得到启发。所以窥基说："因能破言，晓悟彼问，令知其失，舍妄起真，此即悟他，名为能破。"

立量破应该是共比量。任何正当的共比量都有立正破邪的功能。立正者，借所立论式阐明道理；破邪者，借此道理开悟敌证一方，使放弃邪见。从这个意义上说，是真能立者总是真能破。

以"声是无常，所作性故，譬如瓶等"这一共比量为例，佛家立此论式原本针对声论而发。后者主张声音常住，自是邪见谬见。佛家立量既申自宗正解，也符合世间常识，相应地也破斥了声论邪智。

"能破"的另一种称"显过破"。显过破者，顾名思义，意在摘发他论之过失。立量破是随自立量，并不一定针对别人的论式。显过破则有明显的针对性。泛泛地说，它指出敌方过失便成。如佛家对数论所倡之"神我是思"一宗，反诘道："汝知否，汝宗有能别所别俱不成过？"此不失为显其宗过。再如《入论》中举共不定因时，遇到有人以"所量性故"来成立"声常"宗的，文中质难道："如声常，所量性故。常无常品，皆共此因……为如瓶等，所量性故，声是无常；为如空等，所量性故，声是其常。"这些都是直显宗因过失，不别立量。但真格的显过破还是需要另行立量的。此量当然也得三支俱足，因喻圆满，才能摧伏他宗。若前一量自身形式无懈可击，只有顺其原来成宗理由，别立三支，显敌者所举之因只是犹豫因，也是显过破。

最具代表性的是《入论》谈相违因过的方法。如陈那菩萨之破"有法自相相违"过，"所言有性应非有性，有一实故，有德业故，如同异性"。这里，菩萨以同样的因喻，显示出前者所立量之因与有法自相相违的内在冲突。

"谓初能立缺减过性，立宗过性，不成因性，不定因性，相违因性及喻过性"具体列举最终造成似能立的不同可能性。这一节文字总结了似能立。

"能立缺减"说得直截了当些,便是三支不完全,缺其中一支或两支,一般说来,指缺因或缺喻,或因喻俱缺。《大疏》中说有三支俱缺过失,似不可取,若真的宗因喻俱缺,所立能立都没有,如何知道有什么过呢?

因明中有"缺无"或"缺减"的区别,"缺减"之成过失,在本来立论式时或检验因之三相时应该具备也可以陈述的东西,结果竟然省减了,造成三支缺损,或论者立意不明确,或理由不清楚,便成为过失。至于"缺无"则指应该列举而举不出,狭义地说,往往指宗同品、因同品、宗异品、因异品、同喻依、异喻依等其中之一无法搜寻,不可枚举。由于举不出宗因的同品或异品,有妨碍所立量成过者,也有无碍所立量而不成过者。缺无而有害的,如因之"不共不定"过失,一经除宗有法,则全无宗之同品,致使因同品无法与其汇合,无从依附,故宗也失其所立;可以缺无而无碍成宗者,如前述之陈那立能违量破胜论有法自相相违:"汝之有性应非有性,有一实故,有德业故,如同异性。"其宗异品"离实有性"便是缺无而举不出的,但无碍陈那所立能违量正当。

"立宗过性"指本论前述之似宗九过。"不成因性"指四种不成因,"不定因性"指六种不定因,"相违因性"指四种相违因。"喻过性"指十种喻过。所有这些过失，也就是真能破所要破斥的对象境界。

讲真能破一节文字，最终落到"兼显悟他"，启发他人觉悟的实际功用上来。能破并非为破而破，而是针对敌者言论或形式或本质上的过错，加以揭发，最终"开晓问者"，启发了有疑问者，证义者等。

第七章 似能破门

原典

若不实显能立过言，名似能破。谓于圆满能立显示缺减性言，于无过宗有过宗言，于成就因不成因言，于决定因不定因言，于不相违因相违因言，于无过喻有过喻言。如是言说名似能破。以不能显示他宗过失，彼无过故。

译文

如果不是实在地显示能立的过失，称为似能破。这是说在三支俱足圆满的情况下指责其犯有缺减过，论题确当的情况下指责其犯有立宗过失；于有证明能力的理由说有不成因；于确定的理由说有不定因；于并不冲突的理由说有相违因；于正当的喻证说喻有过失。所有这些称为似能破。这是不能如实显示别人立宗的错误，而对方本来就没有错误的缘故。

解说

"似能破"针对"真能破"而言，此节文字也有三层含义。"若不实显能立过言，名似能破"是定义。"实显"之"实"是关键词，谓必须确确实实、实事求是地在敌论当中摘寻过失。"能立"指敌论一方成立主张的宗因喻多言。

真能破是针对似能立而言的。是似能立者，对它加以破斥的结果或成功或不成功，故不一定就是真能破；是真能立者，则针对它的任何破斥最终必陷于似能破。所以《大疏》说："敌者量圆，妄生弹诘，所申过起，故名似破。"因而似能破可归结为两种，一是敌论本无过失而妄加破斥；二是敌论有过而破斥不当，不得要领。

新因明产生之前，似能破是论议方法研究的重要内容之一。外道与佛家古因明师都对它下了很大的功夫。似能破与似能立息息相关。古代印度逻辑产生于各宗优劣的争胜动机，功利性极强，故诡言巧辩层出不穷；无中生有，强辞夺理，无端指责他人言过的也不在少数。

正理派十六句义中有十五句讲误难，其中列出错误辩难二十四种；佛家古因明师也留意有谬误的能破分析，这些可见于《方便心论》与《如实论》；陈那菩萨创新因明时，对以往的谬误辩难加以总结，剔除不合理或重复者，得出十四种过类。玄奘门下文轨据此详加讨论，后人辑为《十四过类疏》，其中专门着意在似能破上。似能破者，即指欲摘发他人过失，但自己反而陷于谬误。

"谓于圆满能立"以下至"于无过喻，有过喻言"为止，是似能破三部分内容的第二，具体列举似能破的情况，即围绕三十三种宗因喻诸过失。它总结性地指出，所有这些错误都源于同样的毛病：在真能立上寻求错误。"立者量圆，妄言有缺；因喻无失，虚语过言；不了彼真，兴言自负。由对真立，名似能破。"

"如是言说，名似能破，以不能显示他宗过失，彼无过故"。这是最后一部分的总结语，说明"似能破"之名的由来。因为敌论本来正当，已立于不败之地，相对一方却横加指责，结果反自显其乖。

3　流通分

原典

且止斯事。
已宣少句义,为始立方隅。
其间理非理,妙辨在余处。

译文

本论姑且讲这些东西,到此结束吧。已经宣说了部分因明义理,仅仅是初步划出了理论范围。这中间的真理与谬误的辨析,在别的经论中尚有美妙精彩的阐述。

解说

这是《入正理论》的最末一颂,与论中开头一颂遥相呼应。头颂在"能立与能破"以下四句中提出二悟(自悟悟他)八义(真似能立、真似能破、真似现量与真似比量)可说提纲挈领,规定了因明学的宗旨和基本内容。此处之末颂,在中间数千言一一分述宗因喻诸相状及谬误可能之后,对《入论》全书作一总结,并且进而指出,因明学义理精微,若读者有志于深加探究,当于别的论著中求索。

源流

考察因明学的源流，应当追溯到公元前五世纪—公元二世纪时的印度语法学家，如拜尼尼（Panini）和帕檀迦利（Patanjali）的学术活动。语法家们在描述语句、语词和构造语法规则时发明了特别的用语（terminology）。他们面临着如同今天的语言逻辑学必然会遭遇的问题，即如何区分语言和元语言的（metalinquistic）问题，即是说，当对语言概念下定义时，总有一个明晰性的问题，自然也涉及了陈述语法规则时的经济原则（Principle of economy in statement）。

　　正是对这些问题的自觉和不自觉的处理，引起了公元后一千年间印度逻辑的重大发展。佛教因明家的学说也成为这一滚滚洪流的一部分。在与外道展开的，同时也在佛教内部开展的质难辩论当中，逐步地形成了印度佛教的、正理派的逻辑形式和逻辑论研究。从历史的先后性说，是佛教吸取了正理派的、数论派的、胜论的，以及弥曼差派（声论）的逻辑理论，同时又刺激了诸家理论的深化和发展。这种相互吸收融合和批判扬弃的学术活动创造了独特的东方逻辑体系。

但这里必须澄清一点：我们所言的印度逻辑是在抽象思维活动中排除关于思维内容而仅对思维形式考察的结果。这一方面，我们不能不承认是以西方逻辑研究方法为借鉴的。事实上，很难绝对地剥离出纯思维的形式外壳来。

再从印度各派哲学来看，它们都不是纯学术的理论体系。一切印度古代派别都不是纯哲学派别，他们所关心的首先是人生的解放问题或解脱问题。哪怕是顺世论者，他们的原始唯物主义仍旧旨在寻出解脱之道。

因此，我们认为如同正理派对于纯逻辑并不感兴趣一样，佛教逻辑也不是纯的思维形式理论。尤其是陈那菩萨之后，因明的发展已经离开了对立破辩难法则的单一关心，日益紧密地与瑜伽行哲学结合起来，成为理论组织的工具。至此，因明与内明不可分割地内在联系起来，因而将因明等同于一般逻辑是不正确的。

早在佛学留意逻辑问题之前，印度的正理、胜论、弥曼差派便对印度逻辑的产生作了酝酿和创造的基本工作。仅从胜论哲学中的六句义论来看，它完全不逊于西方亚里士多德的范畴论。无论胜论的句义是指语词意义还是指语词表达的事物，即无论以唯名论还是唯实论的立场来看待句义论，它都完全符合范畴应具有的标准：思维的明白性。

再从《正理经》——它产生于公元二世纪——来看，作为最早的逻辑基本经典，其中的五支作法已经是成熟的推理形式。除了论式，我们发现《正理经》已经包含了印度逻辑在以后千余年间一直发展着的基本内容。这就是关于认识途径或认识手段的理论，以及关于逻辑谬误的研究理论。《正理经》简洁明确地叙述了获得正确知识的方法和知识的表述方式，探讨了认识表述过程中可能产生的形式错误或非形式错误。

至于声论派，他们对语言的本质进行了深刻的，甚至是烦琐的研究，从中总结出许多直到今天仍有意义的论说。就以"声为常"作例子，从物理学和心理学的角度看，声波的振动持续是有限的，在听闻者感官上的刺激也是有限的，声论派当然不具备我们今天的物理学知识，但也不至于认为物理学意义上的声音是永恒的。

在他们眼中，声音便是语词，便是概念，二者是不可分的，概念应该具有稳定性，否则无法表达思想，无法传达吠陀经典中从启示获得的真知。正是概念的这种稳定性，声音才可以成为恒常的。

正理派的创始人为足目。足目的学术活动远远早于公元二世纪时才产生的《正理经》。足目大约是公元前二世纪时人。

《正理经》中列有关于论辩的过失二十几种，虽然对其逻辑谬误的性质缺乏分析说明，但正理派开始自觉到这方面的错误。尤其有意义的是正理派关于错误理由（似因）的分辨。这当中最为重要的有五种似因：相违因、不定因、不成因、所立相同、过时语。前三种错误理由，实质上在整个印度逻辑史上保留了下来，成为所有各派哲学在讨论逻辑过失时不能回避的对象。

说到不成因，正理派举例说，"彼湖实有，以见烟故"。这里的理由"见烟"完全没有证明能力，谁见过烟可以成为湖的特征的呢？又如说"所立相同"似因，指的是所举理由与所欲成立的论题一样，都是需要证明的，例如"影为实，有业故"。实指实体，印度哲学中胜论派允许实体具有德（属性）和业（运动），但别的宗派认为实之领有德业的说法是尚待证明的。因而，以"有业"证明"影实"，不仅论题不成，还有理由不成，故称"所立相同"过失。

再如"过时语"，如说"声是常，两物撞击故"。两物撞击，当下有声，过后即逝。以"两物撞击"为理由证明论题"声常",理由已经过时而无法证成论题。这里可以看到正理派的逻辑往往有较强的经验性质,与可感觉性关系甚密切。

再从正理派关于量这一认识来源的讨论看,也为以后的印度逻辑规范了一个重要的知识论领域。正理派说,现量是不可显示、无谬误、决定明了的。对此定义,若不加背景性的诠释,不联系上下文,恐怕同佛家现量定义是区别不开来的,佛教不也说现量应该"无分别复无错乱"吗?

正理派的比量有三种:有前比量、有余比量及共见比量。有前比量是这样的推理:依据经验,见当前之因,可推知随后之果,如见乌云可知有雨;有余比量则如:见河水上涨知上游有雨;共见比量:由见一物于不同时刻处于不同位置知该物有运动。正理派对比量类型的划分和说明给予后来的佛教因明在内的逻辑以深刻影响。

意大利学者杜齐(Giuseppe Tucci)曾著有《汉文资料中前陈那时代有关因明的佛典》一书,其中他将《如实论》、《方便心论》以及青目的《中观论释》、足目注的《数论颂》和伐差耶那注《正理经》中的比量类型作了比较,从中显示出各派关于比量的相似及其相互影响。

当然，由于早期正理派在认识论方面的强烈经验主义倾向，其逻辑理论也有严重缺陷。如其有前比量的由因而果就有漏洞而非理性不能防止，见乌云而推知下雨并不可靠，那只是推测而非推论。如果风将乌云吹散了呢？当公元七世纪末的法称论师对以往的因明学进行批判之后，他也提出了比量因的三种类型，即不可得、自性因及果性因。一方面，这里反映了他受《正理经》的影响。法称的逻辑也有强烈而浓厚的经验主义认识论气息。另一方面，他的逻辑理由也是对《正理经》的批判，其自性因已经是从概念的种属关系上来看待的了，因此，具有了更强的抽象思维性质。

谈因明学源流，应该注意，在唐代，人们是将正理派看作"古因明"的。佛教方面，在公元二世纪时，以龙树为代表的大乘空宗已经发展起来了。它对论议逻辑采取了猛烈抨击的态度。这当然并不意味着空宗放弃了一切逻辑。

龙树在展开自己的破斥工作时，仍然继承和发展了某些论法，接受了思维的一般原则。他的归谬论法就离不开矛盾律和排中律，只是他没有从正面来叙述逻辑理论罢了。但他仍有不少论著是与因明有关的。例如，他的《回诤论》[①]专门破斥了正理派学说十六句义中的量与所量二者。

龙树另有一部《广破论》，抓住正理派的十六句义一一破斥，广行批判。据说，龙树还有《方便心论》，但一般学者认为那是小乘论师的作品，不过该论的确是与因明相关的。该论有两个译本，一为东晋时佛陀跋罗多译，已佚；另一为北魏时之沙门昙曜和西域僧吉迦夜于公元四七二年译出。

大乘空宗以后的学人如清辩在他的《般若灯论释》《大乘掌珍论》中虽然也用因明论式组织论议，但都没有专门的因明著作。这一则因为空宗以破斥邪见为己任，专事攻击外道的活动，无暇研究总结因明论理。另一方面，这也与空宗的认识论方面的极端相对主义态度有关。

与大乘空宗不同，小乘佛教方面倒是重视因明的，《大毗婆沙论》中便有佛教徒应该"能运世俗诸论，因论、王论、诸医方论、工巧论等"，有"辨无碍解以习因明论为加行故"的说法。据吕秋逸先生说，藏传佛教中最初的因明著作为法救的《论议门论》。吕先生以为其内容与汉译《方便心论》相近，因为后者也被认为是佛教因明的早期著作，并产生于龙树时代。[②]笔者业师王森先生说，《青史》列举因明传承诸家，其中有法救之名。法救为有部大论师，曾著《杂阿毗昙心论》，其中概要囊括《大毗婆沙论》的所有重要说法。

到了世亲时代，他与其兄无着甚而更早些的弥勒菩萨都对因明有不同于龙树的见地，认为从宣讲佛家学说的论议目的出发，不妨批判吸收正理派的东西。这一批判过程中，他们始终坚持因明只是论议形式，成就了区别于以后陈那学说的古因明。

大乘有宗的好些著作，如《显扬圣教论》《瑜伽师地论》《阿毗达摩集论》《阿毗达摩杂集论》都提到了"七因明"的所作法，即论体性、论处所、论所依、论庄严、论堕负、论出离。这些涉及了因明论议过程中的内在或外在的相关问题。

世亲早年从说一切有部出家，深谙有部学说，以后改宗大乘，对有部义进行了深刻的批判和恰如其分的总结。他的伟大著作《俱舍论》便是取经部义批判有部体系的《大毗婆沙论》的结果。这在逻辑上也说明了何以世亲以后对经部有深厚渊源，以至被称为瑜伽经量部大师。也多少解释了何以世亲要撰写好几部有关因明的论著，如《论轨》《论心》《论式》。这三部梵本皆佚，仅《论轨》尚可见于藏译本《解释道理论》[③]。

汉译古因明著作还有一部《如实论》，但这只是残本，由梁时天竺僧真谛译出（公元五五二—五五七年）。据《续高僧传》说，该论在印度和西域一带都备受重视。《如实论》是否世亲所著难以断定，但是他那个时代的著作总不会错。该论据说就是藏译本的《成质难论》。原书有二千颂,今存汉译仅万余字。其中有世亲之因三相说:"我立因三种相,是根本法,同类所摄,异类相离,是故立因成就不同。"以后陈那将它加以改造成了"遍是宗法性,同品定有性,异品遍无性"。从梵文形式可以看出,陈那三相应当脱胎于世亲三相,但更偏重于抽象出来的种属关系,具有更强的逻辑性质。[④]

从印度逻辑史的角度看,陈那菩萨的出世,使佛家因明成为独步一时的学问。整个五—六世纪,印度哲学中陈那量论成为逻辑学主流。这从六世纪末著述《正理经评释》的乌地约塔卡拉(Uddyotakara)的话中可以看出,后者自称其著作是为了"驱散冒牌哲学家造成的晦暗",这当然指的是佛教因明家在思想界一时的统治地位。它说明正理派在这位称作"正理立场化身"的乌氏之前,处于被佛教破斥批判而几无还手之力的狼狈处境。稍晚于乌氏,胜论大师普拉夏斯塔巴达(Prasastapada)也展开对陈那的猛烈批判。到公元七世纪下半期,陈那的再传弟子法称出来还击乌地约塔卡拉,从而将佛家量论推到另一新发展高度。

传统说法认为陈那与法称一脉相承,但这只限于师承关系上,他们的学说都本于世亲的瑜伽行哲学立场,又采取了不少经部义。有关陈那法称的梵文思想材料可

源流　263

见于寂护的《摄真实论》。寂护是八世纪人,曾为那烂陀寺座主,受西藏赤松德赞王延请入藏弘法。弟子中有莲花戒(约公元七三〇—八〇〇年)也入藏弘法,著有《摄真实论注》。

此外,陈那法称的因明见解尚可见证于外道,如胜论、正理及声论派同时或以后的著作,其中尤为重要的有正理派大师瓦恰斯帕底·密希罗(Vacāspati Misra)的著作,其生年在八、九世纪之间。到了九、十世纪,佛法凌夷,备尝艰辛。单就逻辑一门言,执思想界牛耳的已是正理和胜论派了。到了近代,印度在接触西方哲学思想之后,更发展出了新正理派,将逻辑学推向了前所未有的高度,但这已经不是佛教因明所关心的问题了。

因明本身在十世纪之后随佛教传入了西藏,成为西藏寺庙中代代传习发扬光大的经院学问。

陈那生当五—六世纪,对因明有改造之功。他一生中著述甚多,据西藏史料说,连同小品论文,共有一百零八部。但义净所举仅为七部(见《南海寄归传》卷四)。我们知道的有:《观三世论》(有藏译本)、《观总相论》(汉译残本)、《观所缘论》(汉藏译本均有。汉译有真谛、玄奘各一种)、《因门论》(已佚)、《似因门论》(已佚)、《正理门论》(玄奘汉译)、《取事施设论》(汉译残本)、《集量论》(汉译本佚亡,藏译有两种),另外,藏文大藏经丹珠尔中有寂护与法光合译之《因轮抉择论》。

至于法称,他是陈那的再传弟子,据多罗那他说,法称依从护法出家,精通所有三藏,能够记诵的经咒达五百种,但他仍不满足。他曾从陈那弟子自在军听《集量论》,第一遍已"见与师齐",第二遍已经同陈那的水平相当,至第三遍则无不通晓,竟然可以指出老师自在军对陈那学说理解不当的地方。自在军大喜,断定法称足以破除一切谬误宗见而无往不胜,他鼓励法称为《集量论》作注释。尽管有极高的天赋,但法称可说是生不逢时的。他的时代,佛法还不是鼎盛的。法称终生四处奔波,摧伏外道,虽说他化导的比丘与优婆塞有十万人之多,以法联系的弟子虽遍满天下,但随侍的弟子却不到五人。

据说,法称撰写完有名的七部量论著作后,曾送给当时的班智达(大学者)们阅读,但那些人或读不懂,或出于嫉妒而诽谤他的说法,甚而将他的著作拴在狗尾巴上,让狗拖着满街跑。法称只好自己解嘲说:"如同这些狗满街奔走,我的著作也会传遍天下。"他内心的痛苦是不言而喻的。

法称曾在自己的论著之前加上一颂偈,大意说,普通人所爱好的无非是平庸。尤其悲哀的是，他的弟子中没有一个完全能继承师说的，相传他曾让大弟子天主慧为自己的《量评释论》作注，第一稿注子交呈法称看后被投入水中；第二稿又给投到火中，第三次再注释后，法称虽不满意，只好保留。天主慧在注子上写了这么一个颂，意思说，我是根器平常的人，全靠勤奋熟练才造作此疏。

法称认为这个论疏基本表达了他的意思，但尚不能显示《量评释论》的理论结构和深层的含义。由于感叹曲高和寡，法称在天主慧注疏本的后面加上了"有如江河之流入大海，没入自身而消失了"这么一颂。

法称的量论著作有：《正理滴论》《量评释论》《量抉择论》《成他相续论》《观相属论》《因一滴论》《议论正理论》，法称又对自己的《量评释论·为自比量品》作了自注。八部书都有藏译本，汉地仅一九八二年由中国佛教协会出版过法尊法师的《量评释论》汉译本，他是从藏译本译过来的。其余七种至今未有汉译本。法称八书，现尚存梵本者仅《量评释论》和《正理滴论》。

法称对于陈那的逻辑理论进行了多处改造。首先，关于三支比量中喻支的作用，他另加估价。法称认为，作为最重要逻辑范畴的因完全包摄了喻的功能。即是说，他批判了因为正因，喻为助因的说法。他以为因三相之后二相已经取代了喻的作用,并不一定要在形式上列出喻来。

另外,在释为自比量时,他给正因下有一个定义"宗法,彼分遍,正因此三种"。即是说,因是宗上有法之法,简称"宗法",同时又被宗上能别,即所立宗法所遍充。原文的"彼分遍"之"彼分"指所立宗法,亦即能别。且此"彼分"在语法形式上为具格,即被当作工具或使动者,而"遍"字又是被动的分词,所以连起来解释,即说正当的因是被宗上的能别一法所遍充的,能别为能遍充,为上位概念,正因是所遍充,是下位概念。有了这一对概念的外延方面的上下位关系,能立因与所立宗的不相离性已经得到保证,不再需要像陈那那样,要以同喻来说明不相离性,又以异喻来止滥。法称的这一改进,在逻辑思维发展史上具有重大意义。

在这样一个基础上,法称又断言,三支比量中,保留喻体就行了,喻依的实例是多余的。再加上他主张三支位置可以倒过来,不再是宗在先而后为因,再后为喻,即认为应是喻体在先,然后为因,然后为宗之论题,这就完全同亚里士多德式的三段论逻辑推理过程相同了。法称的论式当然更符合思维发生的实际过程,因而更有利于实际的认识与论证活动。

法称又对因的种类再行裁定,认为只有不可得比量因、自性比量因和果比量因三者。例如：非亲眼所见、非经验所得不可谓某物存在，这未见未感知便为不可得因；其次，可以从种概念而推知属概念，如见柳树可以知道有树，此为自性比量之因；再有，从果之存在推知因也存在，如见烟便知有火。

法称又对陈那的过失类别进行裁减，抛弃了他认为不符合经验认识过程的种类。如不共不定因过和相违决定因过。对于前者，他坚持说，实际的认识论证过程中，没有人会以一个同所欲证明的论题毫无关系的理由来作因，不共不定因只是九句因的排列组合而弄出来的，非常勉强，应该删除。至于相违决定因，那是立量和破斥的双方过分坚持本宗学说的缘故，只要实实在在从现量活动中寻求决定，就不会产生这种相持不下的论题。

法称以后，因明学在印度本土的承传世系大致如下：第一家为天主慧，他是七世纪时人，为法称注疏了除《为自比量品》之外的《量评释论》之其余三品，即《成量品》、《现量品》和《为他比量品》。天主慧的注疏极为详细，揭示了《量论》的字面意义，因而被称作"释文派"，此派在天主慧以下有其弟子释迦慧和再传弟子律天。释文派主要流行于法称家乡，即南印度一带。

第二家为法称再传弟子法上所创，法上约为八世纪人。他的学术风格不限于字面上解说法称，更善于探讨发掘量论的义理，从认识论逻辑学方面都有发挥，因而此派称"阐义派"。阐义派学说流行于迦湿弥罗一带，即今克什米尔地区。以后传入我国西藏，该学得以光大。承传系如下：法上—阿难陀—旺估班智达—释迦吉祥贤—萨班。法上并未注释法称的《量评释论》，但对于法称其他的作品都几乎有所注释。《正理一滴》的梵本即因他作注疏而保存下来。该书也有英译本，为俄国学者舍尔巴茨基依据梵藏本对勘后英译，收在他的《佛教逻辑》一书第二卷中。法上的弟子商羯罗阿难陀对《量评释论》著有疏本。

第三家量论体系称"明教派"，以慧相护为代表。他强调要从法称著作中去发掘教理意义，突出了量论对解脱道的贡献。他也对《量评释论》除《为自比量品》之外的三品作了注疏，称为《量评释论庄严疏》，以后他的弟子日护又为《庄严疏》作注，阇摩梨又对他的老师日护的著作更作注释。明教派一系主要流行于东孟加拉。

以上是因明在印度本土的大致传统。这门学问在汉地的传播以从印度求学归来的玄奘翻译《入正理论》和《正理门论》为标志。玄奘之前约一个半世纪，曾有一些因明著作，如前面提到的《方便心论》《如实论》等

源流

译出，但并未引起汉地反响。因明著作如果没有人讲解阐扬，如果不同佛学主张内在结合起来，是不可能传习开来的。

汉地因明的肇端既始于玄奘，也就与法相唯识学的传习有不可分的关系。玄奘本人对因明学用功极大，造诣极深。试看他在印土习因明的学历：六二八—六二九年，在迦湿弥罗国阇耶因陀罗寺从僧称习《因明论》，应即《入正理论》；六三一—六三六年，在那烂陀寺从戒贤大师再习《因明》；六三七年，在南憍萨罗国从某婆罗门习《集量论》；六三九年，又在那烂陀西底罗释迦寺从般若跋陀罗"咨疑因明等"；六三九—六四〇年，又在那寺附近之仗林山从胜军居士问学因明。玄奘本人的因明学水平，在当时的中印两国，恐怕是难有人与之匹敌的。

因明两论在汉地译出后，轰动一时。对这门新学问，僧俗两众中都有不少人竞相学习、锐意钻研。例如文士吕才便通过释门朋友借到玄奘在译场中的讲义，并依据神泰、靖迈和明晃的义疏而作《因明注解立破义图》。至于寺庙当中，尤其玄奘门下，学习因明的气氛更其热烈。

从贞观二十一年，即译出《入论》的那年，到开元年间，论著有几十种之多，其中《入门》疏释有二十三四种,而《门论》疏本也有十六七种。玄奘弟子中为《门论》作疏的有:文备、玄应、圆测、定宾;为《入论》作疏者有:靖迈、胜庄、壁公、灵隽、玄范、顺憬、文轨、净眼、文备、窥基。高丽僧元晓著《判比量论》,神泰著《因明正理门论述记》。可惜,这些论疏多半佚亡,今仅存者为神泰和净眼的《正理门论疏》(均为残本),以及文轨的《入正理论疏》残本一卷;于我国久已佚亡,赖日本法相宗保存下来的尚有窥基的《因明入正理论疏》及其弟子慧沼以及再传弟子智周的疏科。

窥基是玄奘高足,出身名门,十七岁出家,师事玄奘,天资过人,一生著述甚多,为法相宗实际创宗人。其《因明大疏》不仅因为保存较完整而有价值,且因为其中记录了玄奘当初在译场上讲因明时的口义。

吾师王森先生说,近现代学者一般认为玄奘于因明学每每有所独创如四宗六因、因同异品、四相违分合等。但观今日所见之十一世纪时耆那教中人师子贤的《入正理论疏》,尚多有与窥基所言相合者,据此看来,仍是陈那及后学在印土所传习的内容。因此说玄奘师徒较忠实地传播了印度佛教因明学说似更为合理。

玄奘是将因明当成看家本领传授给窥基的。据说,当初玄奘开讲唯识论,长安西明寺的高丽僧圆测买通门

源流　271

人前来偷听，回去后也在西明寺讲唯识。窥基因此有些着急，玄奘便安慰他，说要给他讲因明。窥基在因明学方面的确也不负师望，以后似乎掌握了解释因明疑难的最终裁判权。

乾封年间（公元六六六—六六七年），新罗僧人顺憬曾将小乘方面驳斥玄奘"真唯识量"的问题捎到长安，请玄奘作答，彼时玄奘已逝，便由窥基给以答难。以上显示，玄奘所传法相唯识门下，确有许多外国求学的僧人，如元晓、圆测、顺憬等。顺憬回国后，名声很大，如窥基所言不错，他可是"学苞大小，海外时独称步"的。

窥基的高足是慧沼。窥基《因明大疏》只写完了六分之五，"似能立不成"以下的六分之一便由慧沼补齐。慧沼本人也有好些因明疏科之作，顺便列于次：

《因明入正理论义纂要》（一卷）

《因明入正理论义断》（一卷）

《二量章》（一卷，佚亡）

《因明入正理论略纂》（疑伪）

《因明入正理论疏》（二卷，残）

慧沼的弟子辈中也有不少因明论疏方面的著作，如：

智周：《因明入正理论疏前记》（三卷）

《因明入正理论疏后记》（三卷）

如理：《因明入正理论纂要记》（佚）

道邑：《因明入正理论义范》（佚）

道巘：《因明入正理论义心》（佚）

玄奘、窥基所传之法相唯识学在唐武宗灭法（会昌五年，公元八四六年）之时便已衰微，因明学也随之在汉地逐渐失传。但这门学问却又因日本来唐求法的学问僧而在东瀛传播，较完整地保存于日本的寺庙学术传统中。

公元六五三年（唐高宗永徽四年），日僧道昭随遣唐使到长安入玄奘门下。他一直到高宗显庆六年（公元六六一年）归国，创日本法相宗，史称"南寺传"。南寺传的因明著述有：道昭第三代弟子护命的《研神章》《破乘章》《分量决》；第五代明佺的《大疏里书》《因明大疏导》《因明大疏融贯钞》；第六代三修和贤应各撰的《因明入正理论疏》。

日本因明传统中另有"北寺传"一系，始于慧沼再传弟子玄昉。玄昉于玄宗开元四年（公元七一六年）入唐从智周学习，以后归国在奈良元兴寺讲学。其第四代秋筱山善珠著有《因明论疏明灯钞》（十二卷）。

智周门下另有一支，始于日僧智凤、智鸾、智雄等。他们在八世纪的前几年来唐，回国后也传习因明。这一支传统颇为久远。智凤门下第三代有神睿多人，其

源流

疏记如下：

神睿：《因明入正理论疏记》

春德：《因明入正理论记》

空操：《因明入正理论疏记》

平忍：《因明入正理论记》

真兴：《因明纂要略记》《四种相违略私记》《因明入正理论记》

藏俊：《因明大疏抄》

贞应：《因明入正理疏记》

因明学在日本承传久远，佛寺中的因明著述也就始终不断。晚至十八世纪，其华严派僧人凤潭（公元一六五四——一七三五年）还著《因明入正理论疏瑞源记》。此书为窥基《大疏》之集注，其中包含许多今已失佚的资料，虽也有不少错误，但仍有珍贵价值。相形之下，我国汉地因明资料保存就太少了。宋元以后鲜见汉人因明著述。明代一批硕学高僧在这方面的确下过功夫，但他们的文本资料也仅仅是《入论》、《门论》以及宋延寿《宗镜录》中的片断材料。尽管如此，他们也留下了一些因明著述，如像：

宋·延寿：《三支比量义》

明·智旭：《因明入正理论直解》

《真唯识量略解》

明·明昱：《三支比量义钞》
《因明入正理论直疏》

明·真界：《因明入正理论解》

明·王肯堂：《因明入正理论集解》

清末民初以来，一批硕学通家为整理法相家学说，挽救因明这一绝学作了相当大的努力，前有杨仁山居士从日本取回《大疏》全本，刻版流行，后有欧阳竟无、熊十力、吕澂等学者研究介绍，其他尚有虞愚、陈望道、陈大齐等先生著书讲说。这一时期刊行的因明著作中特别值得一提的是吕澂先生《因明纲要》的出版和唐文轨的《庄严疏》的辑成。

一九二六年，商务印书馆出版了吕先生的《因明纲要》。该书于佛学界逻辑学界的影响很大，在三十年代甚至很久之后，国内因明著作就学术水平而言恐都无出其右者。该书介绍了因明基本内容、渊源，涉及古今异说，对照《正理经》比较研究，得出陈那菩萨从九句因总结出因三相的结论。书中又对窥基因同品的说法进行了批判；解释了佛家与外道争辩的许多实例，使得《因明大疏》内容更加明白清晰，至今仍为习因明者的必读书之一。

文轨《庄严疏》全称《因明入正理论疏》，因文轨住庄严寺而得名，以区别于同名之窥基《大疏》。此书在元末时已湮没。原为三卷，在日本长期流传，后也亡佚，仅有残本一卷。此疏也保存相当多玄奘口义，可同窥基说法对照比较。

二十世纪三十年代，赵城藏中发现《庄严疏》残本，为第三卷，标题为"十四过类疏"。一九三四年，支那内学院依善珠之《明灯钞》、明佺之《大疏里书》、藏俊《大疏抄》订正残本文句，又辑出二、三两卷文句，将《十四过类疏》置于第四卷中，基本恢复了《庄严疏》原貌，刊印流行。

西藏地方因明学主要是法称量论系统，与汉地风格迥异。考其原委，由于藏传佛学上绪于主要是公元十世纪后的印度佛教，汉人以七世纪时的法相唯识学作因明背景。既介绍因明学源流，理当将藏传因明系统包含其中，以求完整。但自古以来，因交通阻隔，且汉藏文化系统殊异，故西藏量论承传已成因明大系统中独特的一派。特将梗概分叙于此。所据材料系业师王森先生一九八二年讲授西藏佛教史时，笔者所作的笔记。

西藏因明分为新旧量论，其新量论又分别以桑浦寺和萨迦寺为中心，此两寺因明系统，萨迦寺较晚，形成于十三世纪以后。

西藏佛学包含中观、瑜伽行及以后的量论三大宗派。藏人对它们是一并看重的。三宗创始人及最得力之阐扬宗义者都在藏人心目中享有崇高地位，他们是龙树、提婆、无着、世亲、陈那、法称，在西藏被称为"六庄严"。

最早传入的因明论可以追溯到公元八—九世纪，即从赤松德赞建桑耶寺到热巴巾去世。当时因明论师有吉祥积、智军、空护和法光等。先后译出法称的《正理滴论》《因一滴论》《观相属论》《成他相续论》；律天的《正理滴论广注》《因一滴论广注》《观相续论疏》《成他相续疏》《观所缘论疏》；又译有法上老师善护的《成一切智》、《成外境论》及法上大师的《滴论广注》；另有胜友、莲花戒的有关《正理滴论》之著作。

以上这十五部都是有关因明的论书或注释。这一时期的寂护与法光译有陈那《因轮抉择论》，所有这些论疏均收在藏文丹珠尔量论部中。

对《量评释论》加以注释是十一世纪才有的事。宝贤与阿底峡的弟子是玛善慧，他释出《量论》及法称和法称弟子天主慧对该论作的注疏；又译释迦慧的《量评释论注疏》和法称之《议论正理论》。玛善慧的弟子又将其师所传因明传入卫藏地区。

稍后，有罗丹喜饶"大译师"赴迦湿弥罗求学，居彼地十七年，先后师从班智达利他贤、吉庆王萨迦那等。罗丹喜饶在印度便与其师利他贤译《量抉择论》及法上《量抉择论评疏》为藏文；又与吉庆王合译慧相护之《庄严疏》。罗丹喜饶以后在桑浦寺做堪布，弟子数千。门下能讲解《量评释庄严疏》者五十几人，讲《量抉择论》者二百余人。一时桑浦寺成为藏传因明中心。

罗丹喜饶的四传弟子法师子也曾住持桑浦寺达十八年，彼时因明学兴盛。萨迦三祖称幢也曾从法师子习因明。法师子门下精通因明有精进师子等八人。法师子著有《量抉择论广注》，同时他将因明义理分门别类地提出来讲解，不是依据论书亦步亦趋地讲下去，这就开了一派新的学术风气，他的《量论释义》没有偈颂，只有长行，俨然是散文体的逻辑教科书。

以后西藏寺院中为初学因明者准备的教材都模仿法师子的教学法，这就是后人编撰的讲量论义门的《都扎》，专讲逻辑学说的《达日》，专讲认识论的《洛日》。法师子将量论义门分为十八，后人的类似著作无非在数目上有所增减而已。桑浦寺在西藏因明学术中的独特地位保持了三百年之久。其学术以《量抉择论》为主，并以法上阐义派的学理为准绳。

另外，十一至十二世纪时，夏玛师子曾从当时四译师学习梵文，并与印僧持世护共译《集量论》。此时，信慧译师与印人金铠也译出《集量》和《集量论颂》。又有译师金刚幢与印人吉祥安慧共同译出《集量论广博清净疏》。陈那《集量论》虽被藏人尊奉为经，但西藏因明中于此传习甚少。我们知道，贾曹杰著过《集量论疏》。至十二世纪末，萨迦称幢与印度的一切智吉祥护译过《入正理论》，但误题为陈那所造。

十三世纪起，西藏另一因明学术中心逐步形成，这便是萨迦寺。该派学术实际创宗人为四祖萨班。萨班早年从伯父，即萨迦三祖学法并受沙弥戒。二十三岁时在那烂陀寺从座主释迦吉祥贤习法称《量评释论》等七部因明。萨班学兼显密，通经论上百部。二十五岁从释迦师利受具足戒，他与其师修订的罗丹喜饶译的《量论》是西藏寺院中因明定本。

萨班所著《正理藏论颂》辑出《量论》要义详加辨析，又参考了各家注疏，他自己对著《正理藏论释》。此书在西藏地位极高，被认为是藏人自己对因明学消化和发展的产物。书中分《观境品》《观慧品》《观总别品》《观成遮品》《观所诠能诠品》《观相属品》《观相违品》《观相品》《观现量品》《观为自比量品》《观为他比量品》十一品。书之前七品为一部分，专讲认识论；后四品则讲正量的标准，其中之最后三品为陈那法称讲量论的主要内容。此书是萨班对量论的组织改造。

至十五世纪，格鲁派之创宗人宗喀巴融贯陈那法称学说，对法称《量评释论》的八种印人注解之藏译本对照取舍，提出对藏传因明的独立评价，明确指出因明不只是推理辩论之学，而是佛家哲学体系之大成，其中含有从凡夫而达佛地的一套教理。宗喀巴学习过桑浦、萨迦两大寺的因明传统，但他本人只写了一本仅二十三页的小书《七部量论入门启蒙》。他的弟子中最有名的便是贾曹杰、克主杰和一世达赖僧成。

贾曹杰也义通显密，尤精因明，著有《集量论释》，对法称的著作则注有《量评释论颂详注》《量释论摄义》《量决定论详注》《正理滴注》，并注有《观相属论》《相违相属释》《量论随闻录》。另外，他还著有《量论道要指津》《正理藏论善说心要》。

克主杰则著有《七部量论庄严祛惑论》《量释论详解正理海》，其中释文部分以天主慧、释迦慧的注疏为据。另外还记有《量评释论现量品》（为宗喀巴讲义）和《量论道要指津》（解释量论中所含的解脱道）。

一世达赖则著有《量评释论释》及《量评释论正理庄严》。宗喀巴创立了甘丹寺、哲蚌寺、色拉寺、扎什仑布寺之后，格鲁派已成了藏传佛学的中心。它的寺院教学中，《量评释论》是显教学僧必修的五部论典之一。以后其他宗派如噶举、宁玛等在其学制当中也包含有量论著作。西藏各寺庙，尤其是格鲁派四大寺都多有注释《量评释论》的。至十七世纪，格鲁派在西藏地位稳定，总揽政教大权，藏传佛教因之深入青海及大漠南北，因明学也传至蒙古以至西伯利亚喇嘛寺庙中，精通因明的学问僧人也层出不穷。任何一个大寺都有自己编写的因明入门教材，大致取法前述法师子之《量论摄义》。在西藏寺庙中，以考取格西为成就佛学的标志，而通因明并能熟练运用于口头论辩，这是最基本的要求，因此因明始终得到寺院学术的重视，保存至今。

注释：

① 《回诤论》有汉藏两种译本。汉译本为东魏时（公元五四一年）毗目智仙与瞿昙流支合译。

② 参《印度佛学源流略讲》，上海人民出版社，一九七九年版，第三二四页。

③ 这是吕秋逸先生的说法，国外学者认为《论轨》已佚，并非藏译之《解释道理论》。

④ 世亲三相：paksa-dharma, sapaksa-sativa, vipaksa-vyavrtti；世亲的因三相：paksadharmata, sapaksesattvam, vipakse sattvam。

解说

新因明的创造者是陈那菩萨。陈那生活的时代约为公元五至六世纪之间。因明到了陈那时代才有较为严整的逻辑形式。五世纪初,印度笈多王朝正值鼎盛时期,我国法显曾于此时游历印度,留下了佛教繁荣的珍贵记录。五世纪中期,印度受北方蛮族入侵的困扰,佛教相应也有一段停滞。

后笈多王朝在公元四五九年一度成功地抗击来自西北方的入侵,国势稍盛。那烂陀寺便建造于这一时代。由于世亲菩萨使该寺成为显赫一时的佛教学术中心。那寺以无着世亲学术为宗归,阐扬佛学。那寺学术体系在六世纪后,分为护法一支和德慧安慧一支。玄奘在汉地所传唯识法相则可上溯到戒贤、护法一支。由于护法对陈那的理解,或者也由于玄奘对陈那的理解——这当然只是我们的猜测——玄奘虽然重视因明,但对因明的估价却未超出无着以下古因明诸师的重视程度。从《地论》《显论》等,我们知道,因明仅仅是视作立破轨式而已。

　　这样便可以解释玄奘为什么对与他差不多同时的法称讳莫如深，从不言及，也更不曾说到法称的量论。原因也不外是以法称学说为异义，玄奘甚而对陈那晚期的量论见解也不接受。因而他才仅仅译出了反映陈那早期逻辑见地的《入正理论》和《正理门论》，始终不曾传译《集量论》。而我们明明知道，玄奘对《集量》是有深刻体会的。

　　生年较陈那晚些的义净（公元六三五—七一五年）曾译出《集量》，但旋即亡佚。解释玄奘对因明的态度，也便是部分解释何以汉地因明同藏地因明风格如此差异。我们只能从玄奘本人的见地和陈那学说两面来揣测。

　　陈那因明八部，唯有《集量》才称量论。《集量论》是其晚年学问炉火纯青时的产物，此时陈那已意识到逻辑学不可以脱离认识论，因而极力通过认识论，沟通佛家宗教本体论，亦即同解脱之道续上关系。因而量论一方面汇集以往因明要义，如陈那在《集量》起首颂中所说"释成量故集自论，于此总摄诸散义"。另一方面他又极尽对"成量者"佛陀的礼敬，只有佛陀才真正体现了借量论而达真实的过程及深远意义。

　　世亲门下高足有安慧、德慧、解脱军和陈那四人，以因明组织唯识义者仅有陈那。《观所缘论》破实有外境采取唯识立场自不待说，就是《集量》之第九、十两个颂作的也仍是这个工作，强调唯识无境。陈那于世亲菩萨之教法外另辟蹊径，独树一帜，由能取所取立场申明自宗学说，将因明内在地同佛家唯识说结合起来，不再只看作立破轨仪。这一见地恐不是世亲门下他人或后辈能接受的。玄奘师祖护法就不一定赞成陈那的做法，我们姑且同意护法曾师事陈那（这是藏传资料的说法，但似乎并不确凿）。护法对世亲学说都有改动，则不拘泥于执守陈那师说就是当然的事，而影响到玄奘对陈那有所取舍，也就不足为怪了。

从玄奘一面看，《集量》真正成就自家见解仅占全论五分之一篇幅，其余全系驳斥外道。印度外道的观点主张在汉地并无译本，汉地人读了也是未必了解的。大约玄奘以为无益此方，故阙而不传。玄奘之后约四十年，义净译出的《集量》本子到《开元释教录》辑成时便失佚一事，足证玄奘也是有所预见的。汉地人既读不懂，就不可能重视。

至于对法称，玄奘想必认为其所发挥的正是陈那晚年的量论，而且法称又坚持经部实有外境之说，偏离唯识立场过远，为玄奘所不能忍受。观法称对现量的定义，尤其是其关于似现量之种类完全是经验主义的立场，并肯定了外部对象的实在性。其五根现量当中根本不取唯识自证和见分相分的说法。如此种种，都是与玄奘格格不入的，在玄奘看来，当然不愿意将汉人的学问引入歧途，从而只有保持缄默。

陈那以认识论贯穿佛学。佛家境行果汇于一体，认识真理，如实了悟与证得佛果都纳入量论而成为一个连续统一体（continuum），在其中过程与归宿是不可分割的。所谓量论，俄国学者舍尔巴茨基（Scherbatsky）说，是一种认识论的逻辑。陈那在断定感觉认识一途绝对可靠的前提下，宣布了刹那生灭自相与真如实相之间的同一性，从而构筑了瑜伽行派的唯识哲学大厦。

陈那超出他老师的地方，正在于他并不满足于将因明看作几个可以表述唯识命题的三支比量——姑且也称为印度的三段论式，而在于他从认识根源上去用功夫，抓住所知之境，和能知之五根智，又以见分、相分、自证分三者统摄能所，从而重新安立了经验与超经验两界的对待关系，并且为沟通二者提出了实践的可能。

陈那显示的证真实的道路整个说起来，是符合瑜伽行大师们从弥勒无着直到世亲的言教的。这也是一条极富理性主义色彩的解脱之道。瑜伽现量便是求解脱者求正觉者的最终依持。经过修持，实践上它引生无碍智，断除思虑的烦恼，进而达到无想智这样明澈的无上慧境。

从理论结构上看，瑜伽现量无论在量论中还是在因明中都占据着重要的地位，区别仅在于：《门论》《入论》的因明中侧重于对因的逻辑特征和标准的讨论，而量论当中，佛教大师们的注意力更多地放到认识理论上来。后者包含了前者，也超出了前者。

佛陀的学问是生命实践的学问。佛陀教化人间的目的在于启发众生，引他们超越生死苦海，实现真正的生存价值。佛说："人生难得，中国难生，信心难起，佛法难闻。"便强调了这一人生终极目标的艰巨性。生命于斯时斯地出现于世实为难得，但更其困难的是获得对生存本相的认识。所谓求无上菩提也就是要获得这种知识。由因明向量论发展的理论脉络，正好说明了瑜伽行派，实则也是一切佛学派别所关心的生命哲学的必然走向。应该特别指出，量论所欲达到的价值目标，早已包含在因明所涉及的现量论中，只是尚未尽悉发挥而已。

今天有的学者多奢谈因明并非佛家逻辑的见解，他们竭力从形式逻辑的角度来证明因明仅仅是一门逻辑学科，而且尚未发展到纯演绎逻辑的地步；同时因明逻辑形式及某些逻辑概念早就存在于古代印度的其他哲学派别中（如数论、正理派等）。他们的目的是要显示，因明并非仅仅与佛教相联系，而是一般外道也要讲习的通用课程。诚然，因明也好，它之后发展出来的量论也好，肯定有逻辑存于其中。任何思想观点一经陈述表白，自然就会是有逻辑的，除非不想让人懂，除非表达者自己也是稀里糊涂的，否则他也应该遵循思维原则。因明中有同一律、矛盾律这样的东西并不等于它仅仅是西方形式逻辑的东方翻版。

应当这样看，我们讨论的是佛教的因明，并非一般泛指的"因明"。也许古时曾有别的因明[①]，但今天大都无人晓得了。当我们专就佛家因明，即陈那菩萨所传讲习时，它与内学是不可分的。至于有学者从中剥离出几个片断，再参考西方现代逻辑来符号化、格式化，则已改变了佛家原意。那当然也是研究，但它研究的是因明的一个方面，一个侧面的内容。我们所言的因明则是有内在联系的统一体。我们不反对从任一角度研究佛学和佛家因明，但任何研究方法并不能改变佛学的本质，也得不出"因明并非佛学"的结论。

这就好比说，可以从生物学、心理学、物理学等方面来研究人类生命，但人类永远不会只是基因、脑电波、红外光波等，虽说他自身中包含这些东西。生命中包含着自然科学不能囊括的意义，这是毋庸置疑的。佛教哲学，包括因明学所希望处理的正是这一意义。

无论如何看待因明，它都包含了佛陀关于生命价值的教诲，这也便是现量学说中传达的信息。

主张将因明从佛学中分离出来的人不应当忘记陈那

在《集量论》中树立"成量者"的深意。作为成量者的佛陀之伟大并不在于他体会并表述了几条逻辑规则。将因明视为纯粹逻辑学问，无疑割裂了它与其所赖以生长的佛学沃土及深厚渊源背景的关系，同时也辜负了诸佛菩萨为众生拔苦救难的大悲心。菩萨不得不说法，不得不借因明论议开一方便法门，但菩萨所教，绝不是要人们滞于名相，执着于几条思维规则，否则何必有断所知障一说？

从《门论》、《入论》到《集量论》都保留有现量理论的论述，都强调"为自开悟，当知唯有现量与比量"。觉悟与否，是一个亲证的过程，这是他人不可替代的。用我们的话说，只有进行深刻的个人体验，才会有觉悟，这一过程不是语言传授可以实现的。这种唯一而独特的知识方式是修行者与最高真实（佛陀是他的代表）的单独对话。在此意义上，一切理性主义的，包括因明的探索只是觉悟的准备阶段。

回过来，我们简单解说《入正理论》的基本内容。《入论》仅有玄奘一个译本。本书题解部分已经介绍了《入论》著者和基本纲目，正文之中除注解以外，释文也相当烦琐。尤其是对能立与似能立的解说，于此不便赘述。唯一可向读者建议的是，阅读《入正理论》，还是应当循着古来已总结的，《入论》的"二益八门"这一纲目。这"八门"如前已说，有能立、能破、似能立、似能破、现量、比量、似现量、似比量八者。

这当中现量、比量及似现量、似比量属于认识论范围。现比二量古来称"立具"，即获致知识的工具途径。似现、似比本来希望成为真正的获取知识的途径，但却有毛病缺陷因而引起错乱，但它们毕竟仍在认识论范围当中。能破与似能破在《入论》中是作为能立和似能立的对立面来讲解的，并未专门辟出篇幅来。就是说，因明理论中，能破是对似能立的破斥分析，似能破则是未达到目的的破斥，其失败的原因或是对象本不该破斥，或破斥方式自身就有漏洞。结果，《入论》以及类似因明著作的主要内容也就是能立与似能立了。

能立讲论证和推理的形式规则；似能立则讲论证与推理之中形式的和非形式的错误。就佛家因明说，它始终包含着认识论的内容，因而其似能立的谬误论中也就始终包含着一定的非形式逻辑的谬误类型。

似能立的谬误是依据能立而来的，任何对真能立规则的违背就有相应的似能立过失出现，因此，《入正理论》的逻辑核心最终集中到真能立这一部分。掌握能立的规则，自然不会不掌握似能立的判别和破斥标准。那么能立有哪几部分呢？无非宗、因、喻三者。其中又特别以因为核心。那核心之核心便是"因三相"理论了。

从纯形式看，因明三支可等同于亚里士多德之推理三段论。因也就等于亚式三段论中的中词了。但三段论是纯演绎形式的，因明三支到法称时代才称得上也是纯演绎的。早期陈那的，也即汉地所传的因明还只是归纳—演绎的。这就使得因明中喻的逻辑意义突出起来。在因明中，离了喻依便无喻体。又由于因明喻体的归纳是同一过程中进行的，所以喻依只有一个同时又只是宗上有法时，此推理论证是无效的有过失的[②]。

　　因之三相指"遍是宗法，同品定有，异品遍无"。为便于理解，姑且将三支比量式看作三段论推理式。从而两种逻辑形式中的三个词项有以下对应关系：

　　小词　有法、论题主辞

　　大词　所立宗法、论题谓辞

　　中词　能立因法

　　大前提　中词＋大词　能立因法＋所立宗法　喻支

　　小前提　小词＋中词　有法＋能立宗法　宗支

　　结论小词＋大词　有法＋所立宗法　宗支

　　再从三个词项的外延之种属关系看，正当的推理形式中，如仍以"声无常，所作故"为例，应该如下图所示（参见次页）。系不确定，而是说成因在宗同品、宗异品中的分布不合规则。陈那把我们称的大词概念，视作领有宗法性质的所有个别事物的集合。

解　说　293

为从经验角度弄准宗同品与因的关系，就得借喻，尤其是喻依来验证。同喻依作为实例从正面显示宗同品同因法的结合；异喻依则作为实例证明宗异品绝不与因法相关涉。由同异二喻依，才能归纳出作为一般原则的同异喻体。《入论》中十种喻过，无非不能显示出宗同品（大词）包摄因法（中词）的过失而已。

至于《入论》其他内容，大的如似宗九过，小的如诸法体义分别各三，因随生了两面再依言义智而有六种等都是易于了解的。本书正文注释随处讲到，无庸再说了。

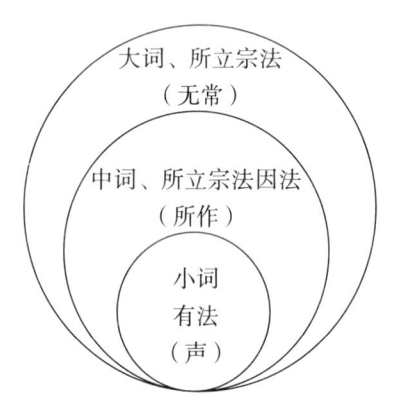

大词、所立宗法（无常）

中词、所立宗法因法（所作）

小词 有法（声）

注释：

① 神泰在《因明正理门论述记》中说："自古九十五种外道，大小诸乘，各制因明，俱申立破。"

② 读者当然熟悉，这是指不共不定因过。

参考书目

1．《因明正理门论》 大正藏卷三十二

2．《因明入正理论疏》 窥基撰 大正藏卷四十四

3．《因轮抉择论》 吕澂据藏译本译成汉文 载支那内学院《内学》第四期

4．《庄严疏》 文轨撰 支那内学院刊行本 一九三四年

5．《理门述记》 神泰撰 续藏经 第一编 第八十六套

6．《因明入正理论直疏》 明·明昱撰 续藏经 一·八十

7．《因明入正理论直解》 明·智旭撰 续藏经 一·八十

8．《因明论书节录集注》 梅光羲著 商务印书馆

一九二五年

9.《集量论略解》 法尊译 中国社会科学出版社 一九八二年

10.《因明论疏瑞源记》 凤潭撰 商务印书馆 一九二八年

11.《因明大疏明灯抄》 善珠撰 载大正藏 卷六十八

12.《因明大疏抄》 藏俊撰 同上所出

13.《因明纲要》 吕澂著 商务印书馆 一九二六年

14.《集量论释略抄》 吕澂著 《内学》第四辑 一九二六年

15.《因明学》 陈望道

16.《因明学》 虞愚

17.《因明大疏蠡测》 陈大齐

18.《因明述要》 石村

19.《因明学研究》 沈剑英

20.《因明入正理论悟他门浅释》 陈大齐

21.《因明入正理论讲解》 吕澂著 中华书局 一九八三年

22.《因明入正理论释》 周叔迦著 社会科学文献出版社 一九八九年

23.《印度哲学史》 黄心川 商务印书馆

一九八九年

    24.《因明论文集》 刘培育等编　甘肃人民出版社一九八二年

    25.《印度哲学史》 宇井伯寿

    26.《陈那著作の研究》 东京岩波书店　一九五八年

    27.《インド哲学から仏教へ》 东京岩波书店一九七六年

    28.《仏教论理学》 服部正明

    29.《正理滴论》 王森译　载于《世界宗教研究》一九八二年第一期

    30. *Buddhist logic by Scherbatsky*

    31. *Criticism of Indian Realism by D.N.Sāstri*

    32. *Pre-Dinnaga buddhist texts on logic from Chinese sources by G.Tucci*

    33. *Buddhist logic and epistemology: studies in buddhist analysis of interence and language*

    34. *Indian logic in early school by H.Randle*

    35. *A History of Indian Logic by S.C.Vidyabhusana*

出版后记

星云大师说："我童年出家的栖霞寺里面，有一座庄严的藏经楼，楼上收藏佛经，楼下是法堂，平常如同圣地一般，戒备森严，不准亲近一步。后来好不容易有机缘进到藏经楼，见到那些经书，大都是木刻本，既没有分段也没有标点，有如天书，当然我是看不懂的。"大师忧心《大藏经》卷帙浩繁，又藏于深山宝刹，平常百姓只能望藏兴叹；藏海无边，文辞古朴，亦让人望文却步。在大师倡导主持下，集合两岸近百位学者，经五年之努力，终于编修了这部多层次、多角度、全面反映佛教文化的白话精华大藏经——《中国佛教经典宝藏》，将佛教深睿的奥义妙法通俗地再现今世，为现代人提供学佛求法的方便途径。

完整地引进《中国佛教经典宝藏》是我们的夙愿，

三年来，我们组织了简体字版的编审委员会，编订了详细精当的《编辑手册》，吸收了近二十年来佛学研究的新成果，对整套丛书重新编审编校。需要说明的是此次出版将丛书名更改为《中国佛学经典宝藏》。

佛曰：一旦起心动念，也就有了因果。三年的不懈努力，终于功德圆满。一百三十二册，精校精勘，美轮美奂。翰墨书香，融入经藏智慧；典雅庄严，裹沁着玄妙法门。我们相信，大师与经藏的智慧一定能普应于世，济助众生。

东方出版社

图书在版编目（CIP）数据

因明入正理论／宋立道 释译．—北京：东方出版社，2020.5
（中国佛学经典宝藏）
ISBN 978-7-5060-8579-3

Ⅰ.①因… Ⅱ.①宋… Ⅲ.①因明（印度逻辑）—研究②正理论—研究 Ⅳ.① B81-093.51 ② B944

中国版本图书馆 CIP 数据核字（2015）第 267713 号

本书中文简体字版权由上海大觉文化传播有限公司独家授权出版
中文简体字版专有权属东方出版社

因明入正理论
（YINMING RUZHENG LILUN）

释 译 者：宋立道
责任编辑：王梦楠　杨　灿
出　　版：东方出版社
发　　行：人民东方出版传媒有限公司
地　　址：北京市朝阳区西坝河北里 51 号
邮　　编：100028
印　　刷：北京市大兴县新魏印刷厂
版　　次：2020 年 5 月第 1 版
印　　次：2020 年 5 月第 1 次印刷
开　　本：880 毫米 ×1230 毫米　1/32
印　　张：10.25
字　　数：152 千字
书　　号：ISBN 978-7-5060-8579-3
定　　价：62.00 元
发行电话：（010）85924663　85924644　85924641

版权所有，违者必究
如有印装质量问题，我社负责调换，请拨打电话：（010）85924602　85924603